马艳霞 / 编著

# 你的习惯
# 是一切
# 美好的开始

中国华侨出版社

图书在版编目（CIP）数据

你的习惯是一切美好的开始 / 马艳霞编著. —北京：中国
华侨出版社，2016.3
ISBN 978-7-5113-5999-5

Ⅰ.①你… Ⅱ.①马… Ⅲ.①习惯性—能力培养—通俗读物
Ⅳ.①B842.6-49

中国版本图书馆 CIP 数据核字（2016）第 046939 号

你的习惯是一切美好的开始

| | |
|---|---|
| 编　　著 / | 马艳霞 |
| 策划编辑 / | 邓学之 |
| 责任编辑 / | 文　喆 |
| 责任校对 / | 孙　丽 |
| 封面设计 / | 一个人·设计 |
| 经　　销 / | 新华书店 |
| 开　　本 / | 710 毫米 ×1000 毫米　1/16　印张 /16　字数 /189 千字 |
| 印　　刷 / | 北京中印联印务有限公司 |
| 版　　次 / | 2016 年 7 月第 1 版　2016 年 7 月第 1 次印刷 |
| 书　　号 / | ISBN 978-7-5113-5999-5 |
| 定　　价 / | 30.00 元 |

中国华侨出版社　北京市朝阳区静安里 26 号通成达大厦 3 层　邮编：100028
**法律顾问：陈鹰律师事务所**
编辑部：（010）64443056　64443979
发行部：（010）64443051　传真：（010）64439708
网　址：www.oveaschin.com
E - mail：oveaschin@sina.com

# 序言
## 追求卓越离不开好习惯

在日常生活中，我们的某些行为往往是一再重复的。久而久之，这些重复的行为就会对我们的生活或者为人处世发生一定倾向性影响。它就是一种习惯效应。

习惯一定是一种行为，而且是一种稳定的，甚至是自动化的行为。心理学家认为，习惯是刺激与反应之间的稳固链接。习惯分好坏。坏习惯是一种藏不住的缺点，别人都看得见，但他自己却看不见，因此坏习惯对人的生活或者事业会造成一定的干扰，甚至破坏。而好习惯对人的生活和事业则有极大的推进作用。

好习惯是人走向好的一面的推动力，能让人有好的人生。正如有人所说的："好习惯，近乎美德。一个好的习惯能够衍生出更多的好习惯，从而使人生变得更加美好。"

好习惯是人生走向美好的开始。因为，人一生的成长和修炼，实际上就是习惯的不断自我修正，即养成好习惯，替换掉原来的坏习惯。好习惯越来越多，坏习惯越来越少，那么个人的修养就会越来越高，追求成功道路上的阻碍就会越来越少，走向成功的推动力就会越来越多。

或许，很多人对此都抱有疑虑，觉得习惯不就是一些小事的循环往复吗？如何就能够影响人生的走向？好习惯真的是人生走向美好的开始吗？

保罗·奥尼尔是美国铝业公司最为人称道的总裁。在他上任之初，美国铝业公司困难重重、举步维艰，而到他离职时，美国铝业公司成为"企业航母"年净利润为14.8亿美元，市值为275.3亿美元。后来，奥尼尔还成功当上了美国的财政部长。

奥尼尔事业如此顺风顺水的秘诀是什么呢？好习惯。他在早年曾对习惯进行过深入的研究，认为好的习惯可以改变一个人甚至一个组织的命运。接手美国铝业公司时，他并没立即烧出"三把火"，或是进行大刀阔斧的改革，而是只提出不惜任何代价把美铝的工伤率降到零。在他的要求下，发生的所有工伤事故必须24小时内上报，并同时提出不再发生此类事故的对策，能够很好贯彻的人会获得晋升，否则就被撤职。就是这个看似微小的行为，在他的要求下，认真、坚定、执着、长期、一贯地坚持了13年。

奥尼尔认为，良好的习惯拥有引起连锁反应的能力，而且能启动一个进程，久而久之将改变一切。而事实上，他将一个好习惯坚持了13年，确实带来了惊人的改变。可见，成功就是坚持一种或者几个好习惯，并将其塑造为良好的行为模式。

亚里士多德说："人的行为总是一再重复。因此，追求卓越不是单一的举动，而是习惯。"每个人都想让自己变得优秀起来，都在为实现自己的梦想而努力奋斗着。实现你的梦想，你必须清楚地认识到习惯的力量，相信好习惯给你带来的益处，并努力培养好习惯，用好习惯去替代阻碍你实现梦想的坏习惯。

# 目录

**095** | 第四章
做最优秀的自己，有好习惯的你一定了不起

191 | 第七章
好习惯替换坏习惯，是你一切美好的开始

## 221 | 第八章
### 立即付诸行动，任何好习惯你都能拥有

# 第一章

## 好习惯能成就你美好的人生

乌申斯基说，良好习惯乃是人在神经系统中存放的道德资本，这个资本在不断增值，而人在其整个一生中就享受着它的利息。

## 1. 好习惯是优秀者的共同特质

今日的你是你过去习惯的结果；今日的习惯，将是你明日的命运。换言之，成功就是众多好习惯的结果。才华、背景等固然重要，但是归根结底，良好的习惯才是每一位成功者最重要的品质。

众所周知，凡是成功的人，都有着他（她）独特的人格魅力。比如，热情洋溢、坚定的目光、雷厉风行的做事风格等。可以说，越是成功的人，这些优秀的特质在他（她）的身上就越加明显。久而久之，这些优秀的特质就变成了一个个好的习惯，这才是那些成功人士最大的共同之处。

正如有人所说的，今日的你是你过去习惯的结果；今日的习惯，将是你明日的命运。换言之，成功就是众多好习惯的结果。才华、背景等固然重要，但是归根结底，良好的习惯才是每一位成功者最重要的品质。因此，从现在起，改变所有让你不快乐、让你不成功的习惯模式，你的命运将改变，习惯领域越大，生命将越自由、充满活力，成就也会越大。

在李嘉诚生活的那个年代，经济并未像现在这般繁荣，人们的生活水平普遍偏低。他正是出生在一个贫穷的家庭，不仅如此，在他14 岁时，父亲又早亡，这让本来贫困的家庭更加举步维艰。

不得已，李嘉诚只好告别学堂，担负起养家的重担。为了谋生，他做过各种各样的工作，在地摊上卖过书，在茶馆里做过跑堂，在钟表公司当过学徒……虽然这些工作十分辛苦，但是他都十分努力，除了每天要做十多个小时的工作外，他还坚持业余学习广东话和英语，并且从不间断。

学习的习惯一直被他坚持到今天，即使功成名就之后，他依然保持着两个习惯：一是睡觉之前，一定要看书，非专业书籍，他会抓重点看，如果跟公司的专业有关，就算再难看，他也会把它看完；二是晚饭之后，一定要看十几、二十分钟的英文电视，不仅要看，还要跟着大声说，因为"怕落伍"。

李嘉诚曾说，优秀是一种习惯。的确，与他同处于一个时代的人又何止千千万万，但是能够像他一样成功的却屈指可数。对此，有人说这是个人宿命不同，也有人认为这是机会使然，当然也有人怨声载道，那么，果真是这样吗？当然不是，应该是习惯使然。一个人倘若能塑造和完善多种优秀的习惯于一身，那么，所有的艰难、所有的障碍，都无法阻挡住成功的进程。

其实，成功并非遥不可及，也没有想象中的那么艰难，只要你每天都养成一个好习惯，并坚持下去，也许成功就指日可待。仔细分析那些成功者的成功轨迹时，无不印证这一点。就像 1998 年 5 月，巴菲特在华盛顿大学回答学生们，关于他为什么如此成功和富有的问题时所说的："这个问题非常简单，原因不在智商的高低，而在于习惯、性格和脾气。"对此，一起为学生们演讲的盖茨也表示赞同，他说："我认为巴菲特关于习惯与性格的解释完全正确。"

所有这些都一而再、再而三的证实，成功者的共同之处就三个字——好习惯。同样，如果在你的身上也有一些相似的好习惯，那么它将成就你的一生，无论学习还是生活，做人或者处世。习惯以一种顽强的姿态干预着你生活中的细枝末节，从而主宰着你的人生。

不过，养成好习惯容易，能否将其坚持下去，就显得难能可贵了。可以说，坚持也是众多成功者不可或缺的习惯。

诺贝尔生理学和医学奖获得者巴雷尼，在很小的时候便因为疾病导致终身残疾。每次当巴雷尼感觉绝望的时候，他的母亲总会这样跟他说："孩子，妈妈相信你是个有志气的人，希望你能用自己的双腿，在人生的道路上勇敢地走下去！好巴雷尼，你能够答应妈妈吗？"

为了让母亲放心，也为了给自己的人生一个交代，巴雷尼坚持体育锻炼，练习走路，做体操，常常累得满头大汗。就这样，不论严寒酷暑，不论疾病还是贫穷，巴雷尼始终坚持锻炼，用以弥补由于残疾给他带来的不便。

不仅如此，他在学习方面也十分刻苦，成绩一直在班上名列前茅。最后，以优异的成绩考进了维也纳大学医学院。大学毕业后，巴雷尼以全部精力，致力于耳科神经学的研究。最后，终于登上了诺贝尔生理学和医学奖的领奖台。

若不是坚持到最后的信念和习惯，恐怕巴雷尼在得知自己残疾那一刻便倒下了。正如有人所说的，每天养成一个好习惯很容易，难就难在要坚持下去。这是信念和毅力的结合，所以成功的人那么少，也就不足为奇了。

你是想变为大多数人中的少数成功者，还是少数成功者身后的平庸者，往往就在于你的一念之间，一旦你能秉持那些成功者的好习惯，并一直坚持下去，就一定会等来属于你的辉煌。

## *2.* 好习惯虽小，但能促使你获得大成功

如果认为事情太小不值得一提的话，那么，没有一件事是值得重视的。可恰恰就在每个人处理小事的方式上，人和人的不同之处才真正体现出来，并决定了每个人的幸福和成功。

细节决定成败，小习惯一样可以影响成败。生活中，很多人对那些大智慧、大成功趋之若鹜，往往会忽略或者不屑一顾那些小细节，他们总以为成大事者都需要不拘"小节"，却忘了"千里之堤溃于蚁穴"的道理，有时候，一个不经意的小习惯，只要坚持下去，也会有令你意想不到的收获。

苏红是广州一家贸易公司的行政文员，她的日常工作之一就是为往来客户订机票或者火车票。林总是苏红公司的大客户，经常要北京、广州两头跑，因此，苏红就经常为林总订票。

不久之后，林总发现了一个现象，就是不管自己是乘飞机还是坐火车，每次如果是座位票，总是靠窗户，而要是卧铺则肯定是下铺。这样的事情并未因为节假日或者春运之类的发生而改变。

这让林总心里十分奇怪，大凡经常出差或者旅行的人都知道，能够买到一张票就不容易了，更何况是这样有特殊要求的票，更是难上加难。有一次，林总来公司见到苏红，就问她这是怎么回事？

苏红说："我知道您每次来往广州和北京都十分辛苦，需要经过长时间的旅途，靠窗户的座位票，可以让您免受来往人群的打扰，同时也可以时常看看窗外的景色，以减少旅途劳顿。下铺坐卧都方便，让您可以休息得更充分，不耽误之后的工作。"

这样一件小事，苏红居然想到了，而且这个小细节也让林总深受感动，于是，他把工作大部分的业务都交给苏红所在的公司来做，并向公司力荐苏红。苏红的一个小习惯不仅为公司拿下了一大笔订单，而且被公司提拔为行政部主管。

大多数时候，人都会因为是一些小节不予以关注，也以为无足轻重而不去坚持。殊不知，有时候能够改变自己命运的，恰恰就是那些湮没在很多行为之中的小习惯。因为很多时候，小才能彰显出你的专业、认真以及负责任的态度，这些往往是成大事所需要的重要品质。

不仅如此，那些成就越高的人，往往越重视小习惯。

麦卡锡手掌亿万财富，却从未忽视一个小习惯。有一次，麦卡锡去出席一个新闻发布会，因为身份重要，他被安排坐在前排。正当所有媒体将焦点都对准他时，却发现他"不见了"，再一仔细看，原来他正蹲在桌子底下。这让在场的人都感到奇怪，觉得作为传媒界的大亨，怎会在如此重要的场合做出这样不合时宜的举动，这对他的形象肯定不是什么好事。

正当人们疑惑不解时，麦卡锡慢慢从桌子底下钻了出来，似乎并未看出他有什么不自在和羞涩，而是平静地对大家说："对不起，我的雪茄掉到桌子底下了，母亲告诉过我，应该爱惜自己的每一分钱。"

一分钱就连乞丐都可能不屑一顾，而这个亿万富翁却一直把这样一个小习惯，坚持贯彻在自己的人生当中，这是一种财富习惯，也正是这种习惯使得他们成为最终拥有巨大财富的人。

正所谓"习惯虽小，却事关重大"。这对于每个普通人来说，最大的教义就是，一定要去认真做事，关注生活中的每一件事情，只有用心，才能做得更好。著名投资专家约翰坦普尔顿通过大量的观察研究，得出了一条很重要的结论——"多一盎司定律"。他指出，取得突出成就的人与取得中等成就的人几乎做了同样多的工作，他们所做出的努力差别很小——只是"多一盎司"。一盎司只相当于1/16磅，但就是这一微小的区别，却会让你的工作大不相同！

"多一盎司"所需要的那一点点责任心、一点点决心、一点点敬业的态度和自动自发的精神，正是构成你未来大成功的众多的小习惯之一。正如以色列最著名的君主所罗门王所言："明白什么时候花钱，什么时候省钱，你就永远不会一无所有。不重视小事的人，就是在自取灭亡。"

世界上最容易被忽略的就是小事、小细节、小习惯，而正是这些"小"构成了世界的"大"，任何忽视身边小事的人，都有可能给自己招致意外的灾祸。因为你的生活是由无数件小事组成的。如果认为事情太小不值得一提的话，那么，没有一件事是值得重视的。可恰恰就在每个人处理小事的方式上，人和人的不同之处才真正体现出来，并决定了每个人的幸福和成功。

# *3.* 每天进步一点，成功非你莫属

你在面对生活或者工作时，若能坚持每天进步一点的习惯，那么，就能超越自我，战胜强劲的对手。因为每天前进一点点，就是稳健的、持续的前进过程。"不进则退"，只要是在前进，无论前进多么小的一点都无妨，但一定要比昨天前进一点点。人生也必须每天持续小小的努力，才能有所成就。

每天进步就是要将你的目标划分开来，每天实现一点，久而久之，就会汇聚成大成功。换言之，也许昨天的"你"也曾努力磨砺并获得可喜的成绩，但今天的你必须超越昨天的"你"，更加进步，更加充实。就如哈佛大学在教导学生时所说的："成功不是一蹴而就的，如果我们每天都能让自己进步一点点——哪怕是1%的进步，那么还有什么能阻挡得了我们最终走向成功呢？"

也许有人觉得每天进步一点有些消极，有些保守，实际上，能够做到每天进步一点本就实属不易，有时候，小小的进步很可能就需要付出成倍的努力。更何况，"不进则退"，有进步总比原地踏步或者退步要强得多。

安妮、吉儿、璐芬是新进公司的三名员工，她们被分到了同一个部门，并且都是行政专员，三个人在面试时的表现不相上下，所以部

门经理更想用这种安排，来测试她们未来的工作能力。

显然，她们对这样的安排心知肚明，所以心里都暗暗憋足了劲儿，都想在试用期有好的表现。就这样，三个人你追我赶，工作都十分努力。转眼间三个月过去了，这是她们几个人的工作表现也被经理看在眼里：安妮明显后劲不足，由于前期用力过猛，导致后劲跟不上，情绪和工作效果双下降；吉儿情绪还比较稳定，工作效果也渐渐超过安妮，只是急于出成绩，做事有点粗糙，可瑕不掩瑜，总体不错；唯独璐芬看起来最差，前期努力不够，后劲也不足，似乎成了三个人中的老末。

璐芬有些沮丧，这样的成绩显然会影响她的去留。于是，她想："与其等公司开了自己，不如自己先主动辞职算了。"她的想法很快就被经理"识破"了，经理把璐芬叫到办公室，并对她说："你是有进步的，只是比别人慢一些，这并不能说明你不适合这个岗位。你只要坚持这种持续的进步，不用管进步的步伐大小，我对你有信心，也有足够的耐心。"

璐芬若有所思，她知道自己接下来该做什么了。她知道自己根本没办法和别人比，她只能和自己比，只要今天的自己比昨天有所进步就很好。于是，她每天对自己多提一个小要求，每件事给自己多提一个完成条件，每个月读一本专业类书籍。

一年后，安妮因为业绩不理想，又不能及时调整自己的负面情绪，更不能接受能力最差的璐芬都比自己受领导重视的现实，一气之下主动离职。而吉儿一向马虎的毛病始终没有改掉，导致工作经常会出现一些大大小小的"纰漏"，虽然不至于被全盘否定，但是也对她的业绩提升有很大影响。而璐芬则不同，之前虽然是三个人中最差的，但是经过一年的努力，不断地提高自己，工作能力在不知不觉中上升不少，成为三个人中能力最优的。

其实，你在面对生活或者工作时，若能坚持每天进步一点的习惯，那么，就能超越自我，战胜强劲的对手。因为每天前进一点点，就是稳健的、持续的前进过程。"不进则退"，只要是在前进，无论前进多么小的一点都无妨，但一定要比昨天前进一点点。人生也必须每天持续小小的努力，才能有所成就。

关于这一点，荀子在几千年前就有所定论，他说："不积跬步，无以至千里；不积小流，无以成江海。"所有事情无不是由小至大，小事不愿做，大事就会成空想。集腋成裘，要成功，必须从小事做起。

今天的年轻人似乎对这种"慢"成功都比较抗拒，他们更期望一跃而起，一飞冲天的"快"成功、"大"成功。这正是为什么很多人在工作中不能安于现状，总想走捷径的原因。殊不知，饭需要一口口吃，事情也是需要一件件来做，世界上绝无不经过努力的成功。

因此，平凡的你不用去羡慕或者忌妒，踏实地走好每一步，养成每天进步一点点的好习惯，那么，终有一天你的人生会登到高峰。正如有人所说的："对于攀登者来说，失掉往昔的足迹并不可惜，迷失了继续前进时的方向却很危险。"

## 4. 好习惯越多，成功机会越多

俞敏洪说："一个人如果希望自己获得成功或者活得充实，需要不断地养成良好的习惯。良好的习惯又需要不断地强化，这样最后才能变成无意识的行为而让人自觉遵行。"

优秀是众多好习惯的组合，因此，在你的人生修行过程中，需要不断完善自己，让自己养成众多的好习惯，并确保它们能持久地保持下来，这样你才有可能成就你所期待的人生。因此，你要做到每天养成好习惯，每件事情上养成好习惯，当好习惯成为你的全部时，想不成功都难。

既然如此，你想成为一名高素质的员工，想在职场上有一番作为，那么你就应该培养这样一些好习惯，比如自动自发、珍惜工作中的每一分钟、敢于尝试各种新的方法，以及主动要求承担责任等。实际上，大凡那些成功的经理人、CEO 无不是具有一些好习惯的人。

说起戴志康，很多人对他的印象是这样的：抽中南海香烟、吃大食堂，穿件高中时代的、显得又小又旧的运动服，头发时常蓬松而翘起，却开着银灰色的宝马，在办公室里用灼人的眼光打量下属，或者跟 VC 大佬对坐谈判。

从这些表象来看，很难将这样看起来有些慵懒、邋遢的青年与

"80后"财富新贵联系起来。不过，他的确是一位商界精英，2012年5月3日，《财富》（中文版）公布2012年"中国40位40岁以下的商界精英"榜单，31岁的康盛创想（北京）科技有限公司CEO戴志康榜上有名，并排名第28位。

说起来，他的创业成功并非偶然，这与他自身的习惯不无关系。

首先，从生活的细节中学习的习惯。很少有人相信，戴志康的办公室的书架居然真就是一个摆设，上面没有放一本书。因为他说："我不喜欢看书，我认为书是用来查的，不是用来翻的，我讨厌被动地接收信息，我喜欢从生活中掘取信息。"

其次，独立思考的习惯。他喜欢独立思考，因为他觉得只有独立的人才会坚强。

最后，勇气和执着的习惯。他说："勇气和执着是创业者必备的基本素质，而这两点独立的人很容易获得。"

正是这些好习惯，让他在创业过程中能够顶住各种难以想象的困难，才能解决公司发展中面临的所有问题。

据他的父母说，从很小的时候，戴志康就开始为自己所做的事情负责任，什么都靠自己。正是这样的成长环境，让他养成了独立思考、勇于承担责任、执着等好习惯。

在人生历程中，你会遭遇这样或者那样的困难。这时，是徘徊于岔路的干扰，停在原地，不知所措，还是在困难面前从容不迫，应付自如？这都取决于你是否有一系列能够解决问题的好习惯。正如培根所说的："习惯真是一种顽强而巨大的力量，它可以主宰人生。"的确如此，那种天赋异禀，天生就拥有超人智慧的人为数甚少，成功的捷径恰恰在于拥有无数个良好的习惯。

心理学研究也表明，在诸多影响一个人的成才因素中，非智力因素约占75%，智力因素约占25%，而良好的习惯恰恰是非智力因素最主要的方面。因此，培养良好的习惯对每个人来说是不可或缺的基础。

如果将生命比作一部激越高亢的乐章，那么，好习惯就是构成这部乐章的众多音符，单独一个虽然能够发出乐音，却构不成完美的旋律。因此，每个人都应该在年少时便开始注重好习惯的培养，并不断地增加好习惯的数量，这样，日积月累，就会让你变得优秀。因为习惯是一种惯性，是一种能量的储蓄，只有不断地增加好习惯的"存储量"，才能发挥出巨大的潜能。

周士渊是著名的激励专家，习惯问题研究专家，他经常告诫人们说："想到习惯，人们要么把它与小节联系在一起而不加重视，要么就是害怕付出、漫长和痛苦，这些都是因为人们没有看到习惯的价值，其实你一旦养成好习惯，意味着你将终生享用它带来的好处。"

难能可贵的是，他并不是用理论说教，而是很多时候都要亲自去实践。比如，他每天都坚持早上5点钟左右起床，然后散步5000米左右；坚持每天吃10个枣、10个枸杞子、10颗花生、3个核桃以锻炼自己的毅力；坚持每天记第二天要做的6件事；坚持每天散步时背一些精彩的诗歌、散文以及幽默小段。

正是由于他每天坚持有意识地培养这些良好的习惯，才使得他最终创造出了辉煌的人生。

新东方的创办人俞敏洪曾说："一个人如果希望自己获得成功或者活得充实，需要不断地养成良好的习惯。良好的习惯又需要不断地强化，这样最后才能变成无意识的行为而让人自觉遵行。"实际上，当你留心观察身边那些成功的人时，就会发现每个成功的人背后都还有一个或者很多个助他成功的好习惯。换言之，拥有越多好习惯的人，他成功的可能性也就越大。

## 5. 将来美好的生活，从你今天的好习惯起航

教育家乌申斯基说："好习惯是人在神经系统中存放的资本，这个资本会不断地增长，一个人毕生都可以享用它的利息。而坏习惯是道德上无法偿清的债务，这种债务能以不断增长的利息折磨人，使他最好的创举失败，并把他引到道德破产的地步。"

有人说，成功的习惯，今日的习惯，是你明日的命运。你是否每天都目标明确，是否每天都能够合理地安排时间，而不是乱七八糟、混乱不堪的生活，这对于他离成功的远近无疑有着重要的影响。

一个人的命运走向如何，很多时候并非不可预见，只要看到你身上具备何种习惯，便可以看出端倪。因此，要想改变命运，就要养成好的习惯。否则，那些坏习惯就会成为你通往命运之门的最大障碍。

罗平出生在一个偏僻的山村，为了改变自己的命运，他从小就刻苦学习。高考之后他如愿进入了中山大学学习，在乡亲们眼里他就是个有出息的孩子，以后的前途无可限量。为了不让父母及乡亲失望，毕业后他选择到深圳闯荡，并发誓做不出一点成绩绝不回家。

不过，在深圳这样人才济济的大城市，别说本科生，就是研究生、博士生也是一抓一大把。因为刚毕业，也没有任何工作经验，他多次求职都没有被录取。不过，他仍旧没有放弃，继续找工作，进入

大公司无望，他就降低标准，只要有份工作就行。

不久，一家小企业录取了他，虽然工资不高，但工作还是他比较喜欢的，与他一起进入公司的还有另外一个年轻人小吴，他也是大学刚毕业。在入职第一天起，老板就告诉他们说，试用期是三个月，三个月后合格的留下，不合格的就得走人。

对于这份来之不易的工作罗平十分珍惜，每天工作都很努力。不过在试用期快到时，他接到老板的电话，说他没有通过试用期，所以再过几天三个月期限一到就到人事部办理相关手续。

这个消息犹如晴天霹雳，让罗平感到十分痛苦，虽然这份工作并没有多高的收入，但是他还比较喜欢，做得也算顺手。不管多不舍，也只能认命了。在最后几天，他每天仍旧认真做好手头工作，下班和清洁工一起把办公室打扫得干干净净。一起进来的小吴说："都要离开了，干吗还那么认真？"罗平说："可能是习惯了吧，哪怕有一天也做好吧！"

期限终于到了，令所有人感到意外的是，罗平并没有被解职，离开的则是小吴。原来，老板说，那个电话也是对他们考验的项目之一，看他们会怎样表现。结果，罗平仍旧能够认真、细致地做好每件事情，而小吴则抱着混日子的心态，每天无所事事，坐等被开的日子到来。

有时候，好习惯就是你命运迎来转机的助推剂。像上面的罗平，正是因为平日里养成了认真工作的习惯，所以即使是在得知自己马上会被炒的情况下，仍旧能够把工作做好，因为他已经习惯了这样的做事方式。同时，没有哪个企业或者哪个老板会喜欢一个浑身坏习惯的员工，他们都需要员工能够养成好的习惯，因为这关系到工作效率和企业的发展。因此，你要想在工作中脱颖而出，就需要养成好的习惯。

正如教育家乌申斯基所说的："好习惯是人在神经系统中存放的资本，这个资本会不断地增长，一个人毕生都可以享用它的利息。而坏习惯是道德上无法偿清的债务，这种债务能以不断增长的利息折磨人，使他最好的创举失败，并把他引到道德破产的地步。"简言之，好习惯可以改变命运，让你走向成功，而坏习惯则会让你滑向失败，最终与成功无缘，更别说改变命运了。

对此，《培根论人生》一书对于习惯与命运的关系是这样描述的："人们的行动，多半取决于习惯，一切天性和诺言，都不如习惯有力，在这一点上，也许只有宗教的狂热可与之相比。除此之外，几乎所有的人力都难战胜它。即使是人们赌咒、发誓、打包票，都没有多大用。"换言之，一个微不足道的动作一旦成为习惯，就会改变人的一生，这绝不是夸大其词。

福特是福特汽车的创始人，他之所以有后来的成就，其实在他年轻时就显现出了一些端倪。福特刚毕业时，来到一家汽车公司应聘，这家公司对应聘者学历、能力等各方面的要求都十分严格。

经过层层筛选，最终剩下三名应聘者，他们将要面临来自总裁的考验。不过，当时的情况是，另外两名应聘者学历都比福特高，且在面试时的表现的确都很出色，这让福特有些气馁，他觉得自己胜出的可能性不大。这样一想，整个人倒也轻松了不少，就当这是一次美好的人生经历吧，至少与那些出色的人共进退过，对自己也算是一种成长。

当三个人来到总裁办公室时，他们分别礼貌地和总裁打了招呼。

不过，总裁说："各位，实在抱歉，我有点急事需要出去处理一下，你们在这里稍等片刻。"众人对此并无异议，而是愉快地接受了。当总裁开门的一瞬间，正要坐下的福特发现离自己不远处的地上有一个皱皱巴巴的纸团，他立即起身捡起来便要丢进垃圾桶。这一幕被转过身关门的总裁看在眼里。

不一会儿，总裁回来了，并面带微笑地说："福特先生，您被录取了。"旁边的两名应聘者目瞪口呆。总裁解释说："这其实是一个特意安排的试题，就看谁会捡起那个纸团。因为习惯是在日常生活中形成的，一个看似不经意的动作，往往最能看出一个人的品德修养和人生态度。"

有时候，一个人优秀与否并不能靠他的学历、背景等来考量，从他身上那些不经意的习惯才能真正看出他的真实情况。因为好的习惯是好的行为的累积，而坏的习惯是不良行为不断重复而形成。正如著名心理学家、哲学家威廉·詹姆士所说的："播下一个行动，你将收获一种习惯；播下一种习惯，你将收获一种性格；播下一种性格，你将收获一种命运。"

# 第二章

## 保持积极心态，是你走向强大的开始

一个对自己的内心有完全支配能力的人，对他自己有权获得的任何其他东西也会有支配能力。

## 1. 告别内心的迷茫，成功就在转角处

即使挫败感、失落感像瘟疫一样止住你前进的步伐，即使婚姻或家庭关系土崩瓦解，即使事业梦想付之一炬，你也绝不能向绝望屈服，告别自我纠结，改变迷茫的习惯，你的人生就会豁然开朗，也许成功就在转角处。

迷茫是一种习惯，一旦拥有它，人就会变得慵懒、颓废，不思进取，做任何事情都没有方向，总感觉自己很失败、很无助。年轻人如何走出内心的迷茫，又如何找到心灵归属？对于每个正走在奋斗路上的年轻人来说，是人生必修的一课。很多人曾经凌云壮志，往往在不经意之间就变得支离破碎，不堪回首，往往他们就是输在了内心的不确定，不确定自己继续走下去是否正确？

然而，但凡成功的人却都会发出这样的感慨，他们觉得，内心的迷茫会让人准备好去发现梦想。因为迷茫所以需要振作起来，寻找真正适合自己的发展之路。当一个人有了一个坚实的梦想和坚定下去的决心，就会义无反顾地走向前去。

安吉考·达尔是一个黑人青年，在美国社会，他的肤色注定他做任何事情都不会太容易，一度他屡屡受挫，虽然他自认为智商不低，受过高等教育的他更是在专业方面具备了做好工作的能力，但是，几

你的习惯是一切美好的开始

轮求职下来却将他的勇气和自信挤压殆尽，没有公司愿意将核心的软件开发工作交给一个黑人青年。

他变得迷茫，开始自暴自弃，一度染上了一些不良习惯，开始酗酒、吸食大麻，一个充满希望的人生眼看着要变得一团糟。一个陌生人的一席话让达尔重新认识自己，那也是一个黑人，他的名字叫罗杰·西瓦，是一名年收入千万美元的成功商人，不过，他和达尔一样，有着黝黑的皮肤，甚至他的起点差达尔一大截，因为他出生在纽约的贫民窟，根本就没有机会接受良好的教育，而身处底层的他受到的白眼估计更是超过达尔。

不过，西瓦从小便有一个梦想，他要让父母过上好日子，住上体面的房子，吃上可口的三餐。于是，他开始不断地努力，做过几乎所有的最底层的工作，终于找到了自己的出路，推销一种美国人生活中必不可少的烤香肠，最后他成功了，并且他开起了自己的香肠制造工厂，他的香肠广受大家欢迎，很快便成为一家集生产、销售为一体的大型企业，并且还延伸到餐厅领域，在很多重要城市开起了连锁店。

当达尔有幸遇到西瓦时，西瓦虽然是成功人士，但是他却没有架子，也不像一般有钱人居高临下，而是经常穿着普通，步行穿梭在纽约的大街小巷，试图看看他周围生活的真实情况，也顺便给那些需要帮助的年轻人一点帮助。达尔的遭遇让他非常愤怒，他看上去并不同情这个落魄的年轻人，而是对他充满失望，因为他把自己的才华浪费在了最没有意义的自暴自弃上。他对达尔说："你知道一个人要想成功需要什么条件吗？我觉得，一是你必须要有梦想；二是你必须要有积极的心态；最后，你必须用正确的方法来看到梦想成真。"

达尔心想："我都做了些什么？曾经的梦想呢？不是想让自己成

为一名出色的软件工程师吗？一点点的困难和挫折就让我变得迷茫，这实在是太不应该了。西瓦成功了，他的秘密就是把内心迷茫、失落的习惯改变，让自己重拾梦想，并积极地坚持下去，实现它。"

最后，达尔开始了新的生活，当然，他并没有如愿进入一家大公司做软件开发，因为他的专业让他荒废得差不多了。他在一家快餐店找到了一份送外卖的工作，他要从头开始，利用所有业余时间钻研专业。最后，凭借出色的技术开发能力，他真的成为一名出色的软件工程师。

记得荷马史诗《奥德赛》中这样写道："没有比漫无目的地徘徊更令人无法忍受得了。"人生在任何时期，都不能迷茫肆意，否则就会让自己变得恐慌，内心挣扎，以致终生碌碌无为，平庸寡淡。为此，应该扭转自己的心态，及时冲出困惑、撩开迷雾，寻找最坚定的梦想和最初的真心。

其实，人有没有钱，有没有经验，阅历是否丰富、社会关系是否广阔，这些都不是最致命的。钱本来就是人赚来的，只要肯付出就能有所收获，经验少也不可怕，谁都不是一开始就是大师，都是从初学者做起，慢慢积累起来的，同样，阅历也不是与生俱来的资本，都是需要每个人一点一滴去体验。这样看来，你所缺的，你所担心的，也是大家都需要面临的问题，再纠结于其中就只能是空耗时间和精力。

一个内心不迷茫的人，是一个有梦想、有思路的人。一旦拥有了正确的方向，便可以坚持不懈地寻找自己的梦想，直到最终找到它。正所谓，坚持源于梦想，梦想则可以让你充满动力。哪怕"讥讽"和"乏味的生活"不断地试图砥砺你的梦想，你仍旧要从自己的梦

你的习惯是一切美好的开始

想里发现激励的正能量。的确，悲剧或者挫折不可避免地时有发生。在人生的漫长里程中，"悲伤有时，快乐有时，失望有时，雀跃也有时"。

当悲伤、失落时，"强颜欢笑"显然是苍白无力的。然而，即使挫败感、失落感像瘟疫一样止住你前进的步伐，即使婚姻或家庭关系土崩瓦解，即使事业梦想付之一炬，你也绝不能向绝望屈服，告别自我纠结，改变迷茫的习惯，你的人生就会豁然开朗，也许成功就在转角处。

# 2. 拥有信仰，做个有追求的人

信仰的力量无与伦比，养成了积极追寻信仰的习惯，你就可以变得愈加强大，可以说，你心中有什么样的信仰，就会得到什么样的结果。

一提到信仰，很多人首先会联想到宗教，例如，有的人信仰上帝，有的人信仰菩萨，有的人信仰真主……不一而足。其实，这里我们要讲到的信仰，并不同于宗教信仰，也不同于政治信仰，而是一种内心的笃定，心态的延续，更是一种值得人用生命来坚信的习惯。

听起来信仰似乎有些形而上，实际上，信仰也可以更加直白、简单地理解，它就是每个人人生中所相信的一种东西，比如，有的人相信科学，所以他就可以将其作为一生的梦想来追求，甚至可以为之付出生命的代价；有的人相信奇迹，所以他会不放弃任何一个可能的努力，因为他觉得只要努力就会有奇迹；有的人相信自己的能力，所以他会勇敢地接受生活赋予的每一次考验……无论如何，一个人总得有点信仰，总要相信点什么，这样他才能在人生道路上不至于晕头转向，不至于轻易被一些挫折或者苦难吓倒。

信仰虽然无法用眼睛看到，但是它却能够点亮每个人的内心，让人感觉无比强大，它是人心中的一种观念，也可以将其称作信念。信仰的力量无与伦比，养成了积极追寻信仰的习惯，你就可以变得愈加强大，可以说，你心中有什么样的信仰，就会得到什么样的结果。

当人们看到一个失去了四肢，只在左侧臀部以下的位置有一个带着两个脚指头的小"脚"的人的时候，很多人会觉得这简直就是一个"怪物"，他的样子看起来甚至让人有些恐怖，当然嘲笑和讥讽也是再自然不过的事情了。这个人实实在在地存在着，他就是出生于澳大利亚墨尔本的一个残疾孩子尼克·胡哲。

1982 年 12 月，眼看着圣诞节即将来临，胡哲的父母以为这个即将降生的生命，是上帝给他们最好的礼物。不料，出生后的胡哲却是上面说到的那个样子。不过，父母并未因此而放弃他，仍旧觉得这就是最好的圣诞礼物。他们希望通过自己的爱，让这个身体残缺的孩子与别的孩子一样生活和学习。

然而，当胡哲高兴地走出家门，来到学校打算开始他的求职生涯时，一切不和谐都显现出来，孩子不愿意与他成为朋友，他不能像其他小朋友一样站在球场上踢球，不能骑自行车，不能玩滑板……一切看起来特别平常的事情，他都无法完成，他开始变得抑郁起来，他甚至怀疑自己活着的意义，于是，他几次三番打算把自己溺死在浴缸里，幸运的是都没有成功。

父母告诉尼克，对于他来说只要活着就是奇迹，而一个活着的人一定要有自己的信仰。小尼克虽然无法真正探知信仰的含义，但是他却坚定了活下去的信念。对，对于他来说，像普通人一样活下去就是他唯一的信念。为此，他开始努力，试着用那只只有两根脚趾的小脚找到了平衡感，甚至他开始练习冲浪，一个正常人也未必都能掌握的运动项目，不仅如此，他更是发明了一个超高难度动作——在冲浪板上旋转360°。凭借这个自创的难度动作，他的照片被刊登在了《冲浪》杂志封面。

活下去的信念支撑着他不断超越自我，创造了一系列奇迹。比如，他在2003年大学毕业，并获得会计与财务规划双学士学位；2005年出版了DVD《生命更大的目标》，同年被提名为"澳大利亚年度青年"；从2008年起，胡哲两次来到中国，在多所知名高校举行演讲；2010年，又出版了自传式图书《人生不设限》；2011年做客香港凤凰卫视电视谈话性节目《鲁豫有约》；2013年5月14日开启东南亚巡回演讲；2014年出版《坚强站立：你能战胜欺凌》一书。

至此，胡哲不仅实现了活下去的目标，更是凭借活着就是奇迹的信仰，取得了一个个常人都难以企及的成就。

信仰就像是头顶的阳光和皓月，他照亮着每个人内心的荒凉和无助。正因如此，尼克的人生才总是充满着光明和希望，在追寻信仰的道路上，他充满了自信和从容。可见，追寻信仰一旦成为一个习惯，它就可以让人走出黑暗，辨明方向，重拾人生的大目标，亦步亦趋向着最终的方向前行。

然而，任何一个良好的习惯都不是一日而促，同样，追寻并确立起自己的信仰也是困难重重，异常艰辛的。这需要你不仅要拥有独立思考的能力，而且还要不断丰富和积累你的人生阅历。此外，为了让你所相信的东西，你所坚定的信念真正能够指导你的人生，还需要你具备真诚的态度。这其实包含了两个层次的含义，一是，对待所有事情和机会都要认真对待，但是绝不盲从，随大流；二是，诚实的心态，绝不欺骗他人，不欺骗生活，更不欺骗自己，真实地对待遇到的所有人和事。

一旦你具备了这种真诚的态度，即便你暂时还没有确立起一种明确的思想形态来作为自己的信仰，你也不再是一个盲目的人，不是一个内心荒芜的人，不是一个可以随意被生活所抛弃的人。因为这说明你至少是在信仰着一种有真诚追求的人生境界。实际上，在一个信仰基本缺失，屡遭讥讽的时代，那些以真诚来追寻和拥有信仰的人，才能真正获得成功与幸福。

## $3.$ 不为失败找借口，才能找到通往成功的入口

失败并不可怕，可怕的是不知道失败的原因，更不懂得成功的方法。借口往往会让你失去改正的机会，彻底封堵你通往成功的入口。

很多人在失败的时候总是习惯于为自己寻找各种借口，以此来合理化和原谅自己的行为。久而久之，找借口就会成为一种不良习惯，这会让你离成功越来越远。这也是为什么成功者总是凤毛麟角，而平庸者比比皆是的原因。正如比尔·盖茨所说的："一心想着享乐，又为享乐找借口，这就是怠惰。"总是不停找借口的习惯往往会让你为之付出极大的代价，就像下面故事中的主人公苏宇一样。

苏宇工作时间也不短了，但是比起自己身边的同学和朋友，他的境遇似乎是最差的。大学跟他一个宿舍的刘科早就是一家大型互联网公司的项目经理，跟他一起进入公司的曹昆也当上了部门经理……只有他一直"苦哈哈"地坐在程序员的"宝座"上原地不动，不仅如此，最近公司效益不好，老板要裁员，他这下倒是当了回"第一"——位于被裁人员名单首位。

当然，这让苏宇十分郁闷，他甚至愤愤不平地找部门经理"评理"。可是，当经理把他平日里的种种表现——列举了一遍后，他再也无言以对。

比如，初到公司时苏宇总是埋怨经理不重视自己，本来他是某知名大学软件工程专业毕业的，却一天到晚让他"打杂"，帮老员工整理代码、打印资料等。所以，他每天上班都是浑浑噩噩地度过，经常不能按时完成工作任务，每当这时候他都会跟经理说："我本来就不是学行政管理的，打杂的事情我哪里能做好？"

不久，经理将一个小的编程项目交给他做，并一再叮嘱要按时完成，客户非常在意进度。结果，他倒是按时完成了任务，但是测试后才发现，错误百出，根本就不是一个专业编程人员的作品。这让客户非常恼火，并果断终止了与公司的所有合作，公司平白损失了一个稳定的客户，经理不仅狠狠地批评了苏宇一顿，还扣发他半年的奖金。而苏宇却丝毫没有觉得是自己的错误，反而理直气壮地说："我本来就是做大事的，这些小程序我根本就没有放在眼里。再说了，他们的测试软件程序肯定有问题，本来我做得挺好的。"

相类似的事例不胜枚举。工作中一旦出现差池，他总会找各种理由来为自己开脱，这似乎已经成为他的一个习惯。几年下来，身边的同事要么升职，要么技术精进，都能独担大任，只有他仍旧是一副"死猪不怕开水烫"的态度，唯一长进的就是他找借口的能力。

试想？有哪个企业会容忍一个时时刻刻找借口而不去寻找问题突破口的员工呢？于是，苏宇被裁也是意料之中的事。

其实，失败并不可怕，可怕的是不知道失败的原因，更不懂得成功的方法。借口往往会让你失去改正的机会，彻底封堵你通往成功的入口。有时候，当你还在为自己做不好某件事情或者完不成某项任务找理由时，一些聪明人却没有像你一样，他们往往勇于承认错误，敢于承担责任，积极地寻找着成功的方法，所以他们最后成功了，成为那一小撮站在金字塔尖的人。因此，不要再为自己的失败找理由，这只会让你越来越甘于平庸，要积极养成不找借口的习惯，只要努力去改变，命运之神总有一天会垂青于你。

刘芸大学毕业后顺利进入一家公司做了市场专员，这对于学市场营销专业的她也算是专业对口，而且这家公司给出的薪资待遇也十分不错。不过，世上没有免费的午餐，公司给你好的待遇，就是希望你能为公司创造出更多的价值。

工作一段时间之后，刘芸发现这份工作还真不是一般的累，每天有做不完的市场调查、写不完的策划文案，加上一些零零碎碎的事情，每天都让她忙得晕头转向。不过，真正的困难还在于她需要向好几个层级的领导汇报工作，一份策划案，先得让主管看过，再让经理审核，最后总监还要查看。有一次，她做了一份关于新产品推广的方案，三个领导愣是统一不了意见，主管觉得不错，经理却不认可，经理觉得好的地方，却又被总监否定掉了。就这样，反反复复改了不下五遍。

这让刘芸心里犯怵了，这到底该怎么办呢？无论听谁的，都很可能会得罪另外两位领导。不过，刘芸并没有因此为自己开脱或者找借口，而是下定决心做一份让三个领导都满意的方案。经过一番思考和整合，刘芸又做出了一份新的方案。可惜，这次仍旧没有通过，不过，刘芸并没有气馁，而是越挫越勇，又根据大家的意见重新做了一份全新的方案。

结果，这次的方案三位领导一致通过，并且分别给出了很高的评价。在这样的工作过程中，刘芸成长得很快，第二年便当上了市场部的主管。

其实，无论身处何处，无论做什么事情，你都应该养成不为失败找借口的习惯，并且始终要秉承着"不拿借口当挡箭牌"的心态，时刻提醒自己不管遇到何种困难，都要想方设法使之继续进行下去，要有一种不达目标，誓不罢休的精神。

每个人在内心深处都应该告诫自己，世上没有绝望的处境，只有绝望的人。人生中就不存在不通过蔑视、忍受和奋斗就可以轻易获得成功的捷径。人生只有一条路不能选择——那就是放弃的路；只有一条路不能拒绝——那就是成长的路。再崎岖的路，只要有勇气够坚定也能走完，再平坦的路，如果不迈开双脚也无法抵达终点。

因此，你若想在社会中长长久久地立足下去，唯一的途径就是，尽量让自己体面地活着。这一切需要你有足够的韧性和毅力来成长，而不是用一个个理由和借口为自己粉饰太平，这样你将永远不会赢得尊重和赞赏。

## 4. 成就最好的自己，你终将会创造奇迹

这个世界上的每一个人、每一种事物都有其存在的价值和理由，你只需要记住，你就是你，你是独一无二的存在，始终坚信"天生我材必有用"，成就最好的自己，你便会成为下一个奇迹或者奇迹的创造者。

很多时候，人们总是习惯活在别人的阴影中，总是习惯拿自己跟别人比，总是习惯用他人的标准来衡量自己，总是习惯在意别人看自己的眼光，因此，他们总是无法快乐，无法真正地面对自己的一切。实际上，你不需要如此疲累，为什么不能让自己活得随意、随心一些呢？只要你努力地过好每一天，那就足够了。虽然努力与回报大多数时候并不成正比，但是那也无所谓，只要你曾经努力去成就最好的自己，那么，终有一天你会发现，其实成就自己的过程更重要。

记得有位先哲曾说过："如果你不能成为大道，那就当一条小路；如果你不能成为太阳，那就当一颗星星，决定成败的不是尺寸的大小，而在于每天都要做一个最好的自己。"将"成就最好的自己"当作一种人生信条，并融入你的习惯当中，你就会发现，只要让自己的今天比昨天做得好，明天比今天做得好，那么，你就是成功的，最好只是相对的，世上没有绝对的成功或者失败。重要的是，每个人都

能以正确的心态来对待这一切。

一个人相信自己是什么，就会是什么。一个人心里怎样想，就会成为怎样的人。其实，我们每一个人心里都有一幅心里蓝图，或是一幅自画像，有人称它为运作结果。倘若你想象的是做最好的自己，那么你就会在你内心的荧光屏上看到一个踌躇满志、不断进取、勇于开拓创新的自我。与此同时，你将会经常收到我做得已经很好了，我以后还会做得更好之类的信息，这样你注定会成为一个最优秀的自己。美国哲学家爱默生说："人的一生正如他一天中所想的那样，你怎么想，怎么期待，就有怎样的人生。"

美国有名的钢铁大王安德鲁·卡内基就是一个充分发挥自己创造机会的楷模。他12岁时由英格兰移居美国，先是在一家纺织厂做工人，当时他的目标是"做全厂最出色的工人"。因为他常常会有意无意地去这么想，而且他努力地以高标准来要求自己，很快就达成了自己的目标。后来命运又安排他当邮递员，他想的是怎样成为"全美最杰出的邮递员"，结果他的这一目标也实现了。他的一生总是在不断地告诉自己：我永远都是无人可比的，我要做最优秀、最出色的自己。

事实上，任何人只要不断努力，成就最好的自己，都能走向成功，实现自己的梦想。

2014年3月，一个新开办的互联网垂直招聘网站上线，仅仅只有几个月的时间，这个招聘网站就拥有近百家企业用户，累计个人用户达4万，并被一家著名的风投机构看中，获得百万级天使投资，成为一些老牌的招聘网站的有力竞争对手。这个网站的名字叫内聘网，他的创办人名为肖恒。

早在大学读书期间，肖恒就有一个梦想，那就是自主创业，开办自己的公司。肖恒在大学时所学专业是计算机，读研究生时又专攻软件与微电子，他踌躇满志，期望自己能够学有所用，在互联网领域开创出属于自己的一片天地。

刚开始工作的时候，肖恒发现，除了满脑子的专业知识，自己两手空空，想要创业是多么艰难的事情！恰在这时，他得知日本的一家公司急需计算机研发方面的人才。肖恒心想："这家公司是世界500强企业，倘若自己能在那里积累一些工作经验，肯定会对以后的创业有所帮助。"去日本，首先要懂日语，但是肖恒除了简单的问候，连一句完整的日语也不会讲。所幸的是这家公司看中了他的专业水平，破例录用了他。

初到日本，一切都十分艰难，特别是语言方面的障碍让肖恒吃尽了苦头。为了尽快学会日语，肖恒像蚂蚁啃骨头一样，从最简单的单词发音学起，他的宿舍墙壁上，到处贴满了日语单词、短句。由于长期、高强度的听力练习，一年后他便落下了耳鸣的病根子。当然，与此同时，他的日语水平迅速提高，已经能够很好地与人进行交流了。那段时间，不管发生什么事情，肖恒始终都抱着一个目标，那就是积累经验，为日后的创业打好基础。

四年之后，肖恒终于有能力创办自己的公司了。2007年7月，他注册成立了一家人才派遣公司。但不久受2008年日本经济危机企业裁员的影响，在坚持两年之后，公司倒闭。

这一次创业失败，肖恒在日本辛苦打拼的积蓄全部都打了水漂，并且欠了一屁股债。后来，肖恒回到国内，应聘去了华为，负责华为欧洲片区的项目拓展。

在华为工作，待遇非常不错，北京和欧洲两地跑的日子也带给他截然不同的生活感受。但是，这种安逸、富足的生活并没有让他忘记自己当初的梦想。2012 年 4 月，肖恒开始了他的第二次创业。这次他做了一个叫"职来职趣"的职业社交网站，但由于选择的点出了问题，一年半后，依然以失败告终。

两次创业失败给予肖恒沉重的打击。这个时候，他刚刚做了父亲，事业的不顺让他把全部心思放到了孩子身上。

一天，他陪孩子看一部名为《极速蜗牛》的动画片，原本对动画片并不感兴趣的他看得入了迷，被那只名叫特伯的菜园小蜗牛深深地打动。他下定决心：一定要坚持下去。

肖恒重新振作起来，他先是花费很大的精力做了市场调研，对自己上一次的创业失败进行总结。在他看来，单纯依靠一个线上的社交网站，很难形成彼此互惠互利的关系，正是因为这一点才导致了"职来职趣"的失败。对大家来说，求职才是刚需，如何让招聘方、求职方都能从刚需中享受到更好的服务，这便是自己的机会。基于这样的想法，肖恒创办了内聘网，即通过对双方需求和条件的分析，把相对合适的人推荐到相应合适的职位，从而完成招聘过程。

虽然类似的互联网垂直招聘网站有很多，但大多数公司更像是在做信息平台：吸引招聘方和应聘者入驻，形成庞大的供需信息。相比之下内聘网是按需求和资料信息的匹配程度排序推荐，包含了更多人性化的体验和理想化的东西在里面。因此，内聘网上线没多久，就已向企业成功推荐求职者候选人超过 1000 人，面试率达到 50%以上。

当然，对于肖恒来说，创业还刚刚开始，未来的路还很长。但是，这次创业成功，让肖恒明白，只要你努力，不断地成就最好的自己，总有一天，你的梦想会变成现实，全世界都会为你的成功鼓掌。

肖恒的创业故事确实很值得我们深思：一个人只有满怀信心地去为梦想努力奋斗，才会一步步地走向成功，只要努力使自己越来越优秀，你终将会创造奇迹。

也许，你也和很多成功者一样，在最初之时，没有出众的外表，也缺乏思维敏捷的头脑，更没有惊世骇俗的大智慧。不过，这些都不能成为你放弃成功的理由，这个世界上的每一个人、每种事物都有其存在的价值和理由，你只需要记住，你就是你，你是独一无二的存在，始终坚信"天生我材必有用"，成就最好的自己，你便会成为下一个奇迹或者奇迹的创造者。

# 5. 打破旧有模式，你不要怕走他人没涉足的路

是要继续抱残守缺，还是尝试着养成一种新的习惯，打破旧有模式，创造新的格局？时间的成本很高，最好能在短时间作出决定，这样你便会很快收到意想不到的回报。

在一本书上偶然翻到这样一句话："在这个爆发性增长的市场，只要能找出好的商业模式、好的企业，带来的回报是非常惊人的。"仔细想想，人生何尝不是如此，如果一个人一味地执着于某种固有的思维模式之中，那么就很难让自己有所突破。因此，每个人都要时常提醒自己，并养成打破旧有模式的习惯，不断地将自己固有的经验和模式打破，以适应不断变换的环境。

可以说，人生就是一个不断改变、不断适应的循环，也是一个不断升级换代的过程，经过反复探索才能找到一条适合自己的发展之路。

在"80后"的财富新贵中，舒义也算是一个响当当的人物。不过，在他十几年的创业过程中，一个最大的亮点就是，不断打破旧有模式的习惯。在大学一年级时，舒义才初次接触到互联网，并且学会了上网，一个偶然的机会，通过虚拟的网络认识了毕业于纽约大学的华裔 Edwyn。

在了解到 Edwyn 的创业经历后，舒义非常震惊，也同时觉得找到了"知音"。于是，他怀着迫切又忐忑的心情给 Edwyn 写了一封热情洋溢的邮件。本来不抱多大希望，不料 Edwyn 却回信了，并很快二人达成了共同创业的意向，很快"blogku"这个网站诞生了，真要说起来，这个要比方兴东的"blogchina"还要早些。不过，最终这个看似前途似锦的项目却失败了。舒义没有沉迷于失败的故事中，他立即转变了自己的方向，开始转向社交网络的投建，并获得了新希望集团的 100 多万元投资。不久之后，他感觉电子商务要大行其道，于是又创办了一家校园电子商务公司。

可惜的是，这些项目也以失败告终。怎么办？自己认定的几个模式都似乎行不通，难道创业这条路自己真的要放弃？当然不会，舒义重新思考了以往的这些经历，并总结了一系列经验教训，他认为有一个属于自己的网站，并将其由小做到大固然重要，但是对于缺乏经验和财力的初期创业者来说很不合适。于是，他彻底改变之前一贯的模式——自己创建网站，转而去帮助大网站去做运营，用他的话来说，就是既然想去生小孩儿，那不如先带一个小孩儿，所谓"带孩子"就是指的帮助大网站进行运营。

于是，一家叫作力美互动广告的公司成立了，舒义对公司的定位十分清晰，并将主营业务集中在一点之上，即代理地方网站的广告。之后的事情发展得异常顺利，在腾讯这棵大树下，舒义掘到了第一大桶金，并且接二连三第二桶、第三桶……在人生第一次实现了财务自由后，他买了房、买了车，并决定去旅行，他走过很多地方。不过，很快他又开始重新审视自己的成功模式，他发现互联网给创业者的空间逐年在压缩，必须要有一个全新的模式来替代。

很快，舒义作出了一个新的决定，他打算在移动互联网这一新领域试水，并且将切入点仍然固定在为几大 Wap 门户进行广告代理，比如腾讯、新浪等，到 2010 年，力美公司实现的业绩占腾讯手机门户全部业绩的 70%，到 2014 年，力美又成功拿下新浪无线的广告代理权，这让他对未来一年公司的销售额充满信心。

从一个每月仅有 150 元生活费的大学生，到身价上亿的财富新贵，舒义积累起了相当多的经验，然而其中一条重要的经验就是，不要拘于一格，要时常转变，正所谓"变则通，通则达"，在当下这个时代，没有一成不变的东西，要想适应并在快速变革中寻求到生存和发展的机会，就要不断改变自己，不断打破自己的思维模式。

因为时过境迁，旧有的经验，早已无法与当下的环境相匹配。千万要克服自己的刻板态度，懂得灵活变通。唯有如此，在时间、地点、人物发生变化的时候，才不会死抱着原有的模式不变。有人曾经不无感慨地说，所有人都曾通过的路，几乎不会遇到果实累累的情形，成功需要独辟蹊径，走他人从没有涉足过的路。

关于这一点，在《超常思维的力量：与众不同的心智模式》一书中曾有过精辟的论述："心智模式像一面透镜，将来自外部的真实信息放大、缩小、过滤甚至歪曲，形成了我们对世界的认识。心智模式的危害：陈旧的心智模式会变成一个禁锢你的思想的'监狱'，让你保守、片面甚至错误地看问题。因此，一定要改进心智模式，即经常'换马'，也就是有意识地训练自己不断发现和拥有好的心智模式，并让自己的心智模式持续得到更新。"世界上很多成功的人和成功的企业无不将这一经验视为瑰宝，他们从改变中不断地获得新的给养和能力，从而创造出了一个又一个人生奇迹和财富神话。

你呢？想好了吗？是要继续抱残守缺，还是尝试着养成一种新的习惯，打破旧有模式，创造新的格局？时间的成本很高，最好能在短时间作出决定，这样你便会很快收到意想不到的回报。

# 6. 你只有积极主动，才能无往而不胜

著名管理学家彼得·德鲁克曾经说："未来的历史学家会说，这个世纪最重要的事情不是技术或网络的革新，而是人类生存状况的重大改变。在这个世纪里，人将拥有更多的选择，他们必须积极地管理自己。"

很多人习惯了消极被动，总是在该努力时懈怠，该坚持时放弃，该说出自己的想法时变得沉默……这种消极被动显然成了获取成功的最大障碍。试想，一个从出生到成长都处于消极、被动的环境之下的人，他的生活和工作将是怎样一种格局？轻者很可能一无所成，整日庸庸碌碌，重者患得患失，整日忧心忡忡，责怪命运对自己如此不公。

其实，每个人呱呱坠地时都是一样的，都是赤裸着身体，哭着来到这个世界，而在行将就木之时就显示出了彼此之间的不同，有的人含笑离开，而有的人则是一副遗憾的样子。究竟你想要哪一种结果，完全取决于你在面对人生的每一次选择或者关口时的态度。倘若你以积极主动的心态去思考或者行动，那么，结局肯定会大有不同。

时光回溯到 2006 年，当一个身材瘦小，年轻活泼的女孩站在微软的办公区时，谁也不会联想到彼时的她已经在微软工作过十年之

久，并且成为微软最资深的华人经理之一。她就是郭蓓菁，在微软工作的华人中无人不知，无人不晓，她的工作能力及领导能力更是受到微软上上下下交口称赞，比如，她曾经负责过 Windows 98 的一系列主要产品功能的开发，包括 Windows 红外线，设备驱动数字签名器，Windows 维护向导及系统备份等；她领导了 Plus! 98 产品团队的工作，并成为其成功背后的主要动力；是 Windows OneCare 的第一位项目经理……

对于这个年轻的女孩来说，这一切发生在她身上显然会让很多人对她的一切充满好奇，对于她的成就感到惊讶。实际上，在接触并熟悉她的人眼里，这一切又是合情合理，必然的结果，因为她的积极和乐观的人生态度，早就预示了这一切。

18 岁那年，她随父母一起移民到美国。为了在美国上大学，她必须像其他所有人一样参加 SAT 考试。虽然她的口语水平非常出色，但是文法、词汇和作文却非常糟糕。最终，她的 SAT 数学考了 780分，差满分 20 分，而英语却只考了 280 分，众所周知，英语即使交白卷也有 200 分，所以她的英语成绩与交白卷几乎没什么区别。不过，这并不影响她的初衷，她仍旧坚持向加州大学的电机工程系提交了申请。

不过，再怎么自信，她也十分清楚，以她的英语 SAT 分数来看，估计她的申请表还没被仔细阅读就会被直接拒绝。这种情况下，几乎所有人都会放弃，都会认输。然而郭蓓菁却没有这样选择，她认为如果她被录取，将来肯定会成为一名成功的工程师。于是，她决定"上诉"。

她没有坐等落榜通知，而是在那之前，主动给加州大学的校长写了一封信，在信中，她首先进行了自我介绍，其次"毫不客气"地描述了她在理工方面的成就，最后诚恳地解释了英语考试成绩不理想的原因和自己刚到美国仅六个月的事实，她特别强调了她的学习能力和刻苦精神。在信件的末尾，她更是大胆地加上了一句——校长女士，如果你录取我，我保证我会成为贵校的骄傲。

单是给加州大学校长写信这个举动估计很多人都不会去尝试，更不要说是期待有什么好的结果。然而，正是因为她的积极争取和自信乐观，最终打动了校长，并获得了与校长面谈的机会，在面谈时，熟练的口语，让校长意识到她的英语进步得很快。在面谈结束时，郭蓓菁主动向校长保证，她的英语会学得和美国同学一样好。一周之后，加州大学收回成命，最终录取了郭蓓菁。

其实，很多年轻人之所以没有成为郭蓓菁这样出类拔萃的人，并不是他们没有像她一样的聪明才智，甚至很多人的英语考试成绩肯定都超过了她。他们最大的问题就是缺乏一个积极主动的习惯，总是抱着"过一天是一天""能混口饭吃就不错"的态度，总是消极、被动地相信所谓的宿命论，认为自己的失败都是源于基因遗传、星座、血型等外在因素，一味地自怨自艾，将所有的罪过都归于他人的不是和环境的恶劣。显然，这样的想法一旦成为习惯，后果就是让其沉迷于消极被动的恶性循环之中而难以自拔。

著名管理学家彼得·德鲁克曾经说："未来的历史学家会说，这个世纪最重要的事情不是技术或网络的革新，而是人类生存状况的重大改变。在这个世纪里，人将拥有更多的选择，他们必须积极地管理自己。"很显然，在这个充满竞争与机遇的时代，人们比任何时候都更需要主动、积极去面对这一切，因为你还在犹豫要不要改变的一瞬间，估计好的机会就已经被别人截取，这就是竞争的残忍之处。

那些总是习惯于被动地等待，希望有人告诉自己应该做什么的人，从这一刻起就要改变自己的习惯，去主动了解自己要做什么，并且规划它们，然后全力以赴地去完成。正如苹果总裁史蒂夫·乔布斯在斯坦福大学毕业典礼上所说的："你的内心与直觉知道你真正想成为什么样的人。任何其他事物都是次要的。"这又一次强调了积极主动对于每个人的重要性。正所谓，你不积极，没人替你主动，你若执意要成为一个唯唯诺诺、消极被动的人，那么，谁都救不了你。相反，只要有了积极主动的习惯，就没有什么目标是不能达到的。

# 7. 做情绪的主人，你才能掌控自己的人生

在成功的路上，最大的敌人其实并不是缺少机会，或是资历浅薄，成功的最大敌人是缺乏对自己情绪的控制。愤怒时，不能制怒，使周围的合作者望而却步；消沉时，放纵自己的萎靡，把许多稍纵即逝的机会白白浪费。

在我们的工作或者生活当中，随意发泄情绪已经成为很多人都有的一个坏习惯。人们无法控制自己的情绪，比如，在工作或生活中遭遇不顺心时，就容易对身边的同事或者家人发脾气，久而久之就会让大家对你"敬而远之"。事实上，一些小情绪反反复复，会让你总是处于负面情绪的深渊中不可自拔，这时你就容易被外界无关紧要的事情所左右，情绪起伏不定，人随情绪摇摆，周围的人开心，你开心，周围一旦发生不好的事情，你也会很愤怒以至于坐卧不安，情绪低落，从而影响自己的工作和生活。

难怪有人曾说："在成功的路上，最大的敌人其实并不是缺少机会，或是资历浅薄，成功的最大敌人是缺乏对自己情绪的控制。愤怒时，不能制怒，使周围的合作者望而却步；消沉时，放纵自己的萎靡，把许多稍纵即逝的机会白白浪费。"可以说，一个成功的人，首先就要学会管理自己的情绪，纵然喜怒哀乐是人的本性，也是人之常

情，但是也要让自己有分寸的发泄，受约束的表达，养成一个良好的情绪管理习惯。唯有如此，你才能做自己情绪的主人，才能懂得驾驭、协调和管理自己的情绪，从而让情绪为你的成功服务。

否则，就要像下面故事中的主人公一样，因为不能很好地把控自己的情绪，而使自己与一次极好的工作机会失之交臂。

乔治毕业后一直在找工作，有一天，一个朋友介绍他去一个海上钻井队工作，正好与他所学专业对口。第一天，乔治一大早便来到钻井队，说明来意后，队里的一位领班接待了他。领班二话没说，就带他来到一个钻井架跟前，并告诉他，必须在规定时间内登上几十米高的钻井架，并且交给他一个包装好的盒子，待他爬到顶层后将这个盒子交给在那里作业的主管。

虽然之前没有工作经历，但是在学校期间这样的见习也参加过一些，所以对于他来说并没有什么太多的不适，即使那个高度的确让人感觉眩晕。很快，乔治拿着盒子开始攀爬，并且比规定的时间快了不少，他顺利地爬到顶端并把盒子交给了主管。谁知，那位主管并没有多说什么，只是拿起笔在盒子上写下了自己的名字，就又让乔治带着盒子送回到地面领班那里。

终于从舷梯上面走下来，乔治满心愉悦地将盒子交给领班，本以为会得到领班的认可或者称赞。不料，领班面无表情，更没有更多的言语，只是做了和主管同样的一个动作，在盒子上签下自己的名字，然而平静地对乔治说：“你再把盒子拿给顶端的主管，记住，不要超时哦！”乔治也没敢多问，只是迅速开始往上爬。就这样，没有任何解释，领班和主管让他上上下下爬了足足三趟，当他第三次把盒子交到领班手里时，领班抬眼看了看他，不屑一顾又略带命令地说：“把盒子打开。"

乔治用力撕开盒子外面的包装纸，并把它们扔到地上，这时他看到盒子里放着两个玻璃罐，一罐咖啡，一罐开水。他再也抑制不住自己愤怒的情绪，生气地抬起头看着领班，差一点就把那个盒子摔到了地上。理智告诉他再忍忍，于是他压了压自己的情绪，开始听领班接下来要说什么。领班并没有为这样"戏弄"他而道歉，而是继续傲慢地说："把咖啡冲上。"

乔治一听，自己几乎拼了命地上下几趟几十米高的铁架，最后居然就是为了给领班泡杯咖啡，他感觉到前所未有的愤怒，认为自己的自尊受到了严重的打击，于是，他二话不说，将盒子摔在了地上，十分生气，做完这一切，他觉得心里痛快多了，积累起来的怨愤一下子一倾而空。

见状，领班不紧不慢地说："实在抱歉，一直以来我对你的表现都很满意，看起来你的专业及身体素质都不错，我们一直都是在考验你，遗憾的是，你最终没有坚持下来，我们将这称为承受极限训练，因为在海上作业，随时会遇到危险，就要求队员身上一定要有极强的承受力。非常遗憾，看来你是没有机会喝到自己冲的甜咖啡了。现在，你可以走了。"

巴尔塔萨·格拉西安总是在说："首先控制你自己，然后你才能控制别的人。"因为在他看来，一个不能自控的人，将永远无法控制他人。一个情绪化严重的人，每一次情绪处于脱缰状态时，就是最容易被打败之时。就像上面的乔治，最终打败他的不是别人，而是他自己的情绪。

贝多芬曾说，几只苍蝇咬几口，绝不能羁留一匹英勇的奔马。同样，要想成为优秀的人物，就要具备摒除来自外界各种纷扰的能力，这要比寻根究底明智得多。每个人在情绪面前都是弱者，只有不断地让自己内心变得强大，并始终保持一种温和平静的心态，才能很好地驾驭你的情绪，久而久之，你就能够养成掌控自己情绪的好习惯。

做自己情绪的主人，控制并管理自己的情绪，才能掌控自己的命运，正所谓，弱者任思绪控制行为，强者让行为控制思绪。当你每天清晨对镜自览时，发现你正处于沮丧、悲伤、恐惧、失望等负面的情绪时，一定要这样与之对抗：心若沮丧，你便引吭高歌；心若悲伤，你更要开怀大笑；心若恐惧，你便让自己变得坚强；失望、潦倒，你便更要畅想未来，找到新的方向。

如若不然，任何一个坏情绪，都会将你击垮，你必须时刻告诫自己，并不断对抗那些企图摧毁你的力量，尤其是隐藏在心里的"顽疾"。你控制了你的情绪，你就扼住了命运的咽喉，也才能掌控自己的人生，从而逆袭成为让人敬仰的成功人物。

# 8. 不自怨自艾，就能活出自己的精彩

当这些沟沟坎坎出现时，你如果只顾自怨自艾，只顾悲伤难过，迈不过坎儿，转不过弯，那么，你的人生肯定就会以悲剧收场。与其这样，不如放手搏一把，万一成功了，你就可以改变自己的命运。

生活是最现实、最残酷的，它永远都是敬畏强者，践踏弱者，所以不要自怨自艾地活着，那样只会让你更加卑微，不值一提，当你在生活面前昂起头颅时，没有人或者事敢让你卑躬屈膝。做个生活中的强者，即使没能拥有千万财富，即使不能成为圣贤哲人，你也照样受人尊敬，因为你活得有尊严，够真实。

不久前播出了一部充满正能量的电视剧，名字叫作《二婶》，顾名思义讲的就是二婶的故事，这个女子从小身世可怜，但是却从未自怨自艾，而是积极面对命运的多舛和苦难，深信命运掌握在自己的手里，最终凭借自己的力量让一家人摆脱了困境，过上了富裕、幸福的生活。做人当如"二婶"，坚强、有担当，让积极的心态成为一种习惯，带领你走出生活的绝境，活出真我。

同样，在现实中那些不自怨自艾的人，与"二婶"一样，都活出了自己的精彩，闯出了一片属于自己的天。

王锐旭出生于1990年，是典型的"90后"，他凭借自己的努力，

最终拥有了上亿资产，还成了"总理的座上宾"。这一切的成就，让一个"90后"的年轻人随即声名鹊起。

说起来，少年王锐旭是幸福、优越的，他的家庭显然属于富裕阶层。然而，在他上到初中时，父亲的生意失败导致家庭一贫如洗。不仅如此，他也曾经一度沉迷于网络，有极深的"网瘾"。在这些变故之下，让他无心学习，直接导致他中考成绩十分糟糕，为此母亲第一次打了他，也正是母亲的这一巴掌将他打醒，他开始专心学习，最终考上了当地重点高中，随后考入广州中医药大学。

上了大学之后，为了减轻父母的负担，他打算靠课余兼职来赚取生活费和学费。然而，当他第一次交了一笔"不菲"的介绍费给某中介公司后，却并没有得到任何兼职的机会，之后他意识到自己被骗了。面对生活接二连三的打击，他并未因此而自怨自艾，而是继续寻找可以兼职的机会，这样大学四年他做过很多兼职工作，当过保安、举过牌、派过单、摆过地摊。正是入学之初的被骗和日后寻找兼职的不易，让他萌生了一个创业计划，最终"兼职猫"这个 App 诞生，这也是他公司的主要产品，最主要的功能就是为大学生们介绍真实可靠的兼职。

尽管在创业的过程中需要付出很多时间和精力，但他却并未因此而耽误学业。在大学四年里，他不仅没有挂科，还获得各种奖学金5次，曾获得创新创业训练项目国家、省级立项各一项，还获得了"中国优秀科普志愿者""千名志愿者"称号，首届广州青年创意创业大赛一等奖，"2014挑战杯"广东省创业实践赛金奖，"粤港澳"移动互联网设计大赛一等奖等30多个奖项。

凭借自己的努力和积极的心态，王锐旭学业、事业双丰收，也正

你的习惯是一切美好的开始

因此，他被选中参加了李克强总理主持召开的座谈会。

人无论如何都不能自怨自艾地活着，那样你必定会错失一次又一次改变命运的机会。谁能保证自己的人生一定会一帆风顺？说不定在某个时候一不留心，就被推上风口浪尖；一不留神，经营的企业就濒临破产；一不小心，到手的生意就会鸡飞蛋打；一不防备，家庭便遭遇险境而支离破碎；一时贪婪，就会被骗子盯上倾家荡产……凡此种种，都是有可能出现在每个人的生活当中的，当这些沟沟坎坎出现时，你如果只顾自怨自艾，只顾悲伤难过，迈不过坎儿，转不过弯，那么，你的人生肯定就会以悲剧收场。与其这样，不如放手搏一把，万一成功了，你就可以改变自己的命运。

想想吧！一切都是最好的安排，即使是厄运连连那也是上帝给你最大的恩赐，毕竟逆境不是绝境，先哲们也一再告诫我们"置之死地而后生"。每一个人的最终结果都取决于他当时的决定，是"直面惨淡的人生，敢于正视淋漓的鲜血"，还是就此一蹶不振，得过且过？不一样的选择，就会有不一样的结局。

但凡那些后来成功的人，他们肯定会选择前者，并且他们最大的优势不在于他们遭遇的苦难比你少，而是他们从不将苦难归咎于命运的不公或者外界环境。众所周知，个人在现实与命运面前往往是渺小的，不堪一击的，对于大多数人来说，能够改变环境和现实的机会并不多。你唯一可以把握的就是你自己，就算命运再多舛，生活再波折，只要你敢于面对，养成不自怨自艾的习惯，就能转变自己的命运航向，迎来人生的新局面。事实也是如此，唯有蹚过逆境，始终保持昂扬斗志的人，才能迎来一个又一个人生的新高度。

## 9. 放下该放下的，才能享受到该享受的

在这个世界上，有的人活得轻松，而有的人则活得沉重，究其原因就是没有平衡好拿得起与放得下，轻松的人如郎沙之流，他们拿得起，放得下；而沉重的人往往是拿得起，却放不下。

很多时候，人们活得不幸福，活得苦，活得累，并不是因为他获得得太少，而是因为他不懂得放下，总想将手中的一切牢牢抓住，于是，他的内心就很难达到一种平衡和安宁。养成拿得起，放得下的习惯，并不是让人超脱自我，不顾一切得失，而是让其懂得成功的真正内涵，即达成目标及幸福的喜悦。

可以说，拿得起是一种勇气，放得下则是一种胸怀；拿得起是生存，放得下是生活；拿得起是能力，放得下是智慧。

郎沙出生在寸土寸金的大上海，从小就感觉到了来自这座国际大都市与生俱来的竞争氛围。从小学到中学再到大学，一路走来无不需要经历过五关斩六将的残酷。然而，更大的竞争与压力来自工作之后，在广告公司工作的她，虽然工资不菲，但是压力也是大得可怕，这让她一刻都感觉不到生活的滋味和幸福，反而越来越觉得压抑和恐惧。

最终，她选择了放弃，离开了很多人趋之若鹜的大上海，辞去别

人眼中艳羡的白领身份。她和丈夫来到了福州，共同经营起自己向往的生活的模样。因为他们都喜欢看书，所以他们想要过的生活就是与书为伴。很快，他们在福州找到了一个200多平方米的闲置厂房，他们将工业化氛围沉重的厂房装修一新，让整个环境变得温馨、舒适，他们要把这里打造成一个"私人图书馆"。于是，装修完成后，他们便把自己1000多本藏书塞进屋子里。

在这里，郎沙终于实现了自己与书为伴的生活，而且她还会经常邀请朋友来她的"私人图书馆"看书。慢慢地，她身边便聚集了越来越多的喜欢读书的朋友，他们将这里当成了交流思想、净化灵魂的空间。而郎沙也不吝啬，她干脆将"私人图书馆"变成了公益图书馆。凡是来她这里看书的人，她的藏书都是免费让大家阅读。

在经营自己的图书馆之后，她辞去了工作，每个月不仅没有收入，而且还要贴上1000多元买书。不过，她并未觉得有多苦，相反，她觉得很自在，每天都在做自己喜欢的事，这让她觉得这才是真正的生活。如今的她不再为工作的事情烦恼和焦虑，每天的生活悠闲自在，每天用专门的时间来图书馆打扫卫生、给植物浇浇水。正是这些细碎的小事，让他们的生活放慢了节奏，整个人的状态也变得平和起来。

他们放弃了聚集大量物质财富的机会，却通过"以书会友"获得不菲的精神财富——一群志同道合、品位相同的朋友，以及读书的乐趣。如今的他们，虽然有时候也会面临收支很难平衡的窘迫，但是他们却觉得，得到的比失去的多得多。

关于得失，一千个人就有一千种看法，关键是你内心所在乎的是什么，你想要承受的是怎样的生活。在明白与懂得之后才能真正做出选择，何时拿起，何时放下，完全取决于你的心态。

正如蒙田所说的："今天的放弃，正是为了明天的得到。"在这个世界上，有的人活得轻松，而有的人则活得沉重，究其原因就是没有平衡好拿得起与放得下，轻松的人如郎沙之流，他们拿得起，放得下；而沉重的人往往是拿得起，却放不下。

这样看来，人生最大的包袱不是拿不起来，而是放不下。

他是一位拥有至高无上权力的国王，但是他却不快乐，他整日郁郁寡欢，愁眉不展。他手下的大臣们都想取悦他，所以想尽办法想让他快乐，但是却都不奏效。有一天，一位大臣郑重其事地对大家说："我觉得应该找一个最快乐的人，然后将他的衣服脱下来给国王穿上，这样国王就会快乐起来。"

看似荒诞的说法，却得到了国王的认同。于是，国王就派人去他的领地去寻找最快乐的人。转眼间一年过去了，仍旧没有找到真正快乐的人。国王变得更加烦躁，大家更不敢懈怠，只能硬着头皮继续找下去。有一次，一位将军带着他的部下来到一个偏僻的小山村，跟大家打听有没有见过最快乐的人。于是，有人告诉他说，在村里住着一位真正快乐的人。只不过，这个人看起来有些奇怪，他总是白天不露面，只有到了夜深人静时才会出来坐在村头的小河边吹笛子。

为此，将军等了很久，到了深夜果然听到了笛声，将军很快来到这个人身边，并礼貌地问："你就是那个最快乐的人？"那人回答说："是的。"将军接着问："国王想让自己快乐起来，但他要借你的衣服穿穿才行。"那人歉意地答道："这恐怕不行，因为我根本就没有穿衣服。"将军显然很惊讶，他忙问："你不是最快乐的人吗？怎么衣服都没有？"那人不紧不慢地说："是啊，就是因为我放下了一切，包括衣服，所以我才有了真正的快乐。"

将信将疑的将军回去复命，一五一十向国王讲述了最快乐人的故事。本以为国王会责怪自己办事不力，不想国王却突然变得开心起来了，因为他终于明白了获得真正快乐的秘诀。

伏尔泰说："使人疲惫的不是远方的高山，而是鞋里的一粒沙子。"的确，每一个人要想在人生道路上长足地前进，就必须及早取出鞋里的沙粒。这些沙粒就好比人生中需要放下的东西，如果你不舍得将它们放下，那么，你就会失去更珍贵的东西。

其实，每个人在安然地离开这个世界之时，所有的一切最终丝毫也带不走，晚放下不如早放下。放下无谓的负担，才能一路自在，放得下才能轻松前行。泰戈尔真诚地告诫人们："当鸟儿的翅膀被系上了黄金，鸟儿就飞不起来了。"可不是吗？如果每个人都只顾往自己的包袱里加东西，那么总有一天会被硕大的包裹压垮，这时，即使你有命得到你渴望的一切，却再也没有能力去享受它。

放下该放下的，才能享受到该享受的！

第三章

只要终身
学习，谁都阻挡
不住你前进的步伐

终身学习是知识经济的成功之本，假如
我们实现了这一目标，它将爆发出无限良机，
并改变每一个年轻人的未来。

## 1. 与书为伴，成长会伴随你每一天

与书为伴是每个人最应该养成的一个习惯，而且读书的好习惯永远都不会过时。无论是今天，还是未来，坚持读书都是让你获得人生财富的一个必然途径，抑或将其说成是改变一个人命运的方式。

很多人都知道读书的益处，也知道自己需要读书，但是却没有坚持读书，因为工作忙，生活累，让他们无暇再分配片刻给读书这件事情。于是，他就成为上班路上匆匆飘过的张三，她就成为柴米油盐琐碎中叨叨唠唠的"怨女"。人需要读书，且需要一辈子不停地读书，因为只有从书里你才能知道更多你曾经不知道的，才能发现曾经被自己遗忘掉的信仰。

事实上，与书为伴是每个人最应该养成的一个习惯，而且读书的好习惯永远都不会过时。无论是今天，还是未来，坚持读书都是让你获得人生财富的一个必然途径，抑或将其说成是改变一个人命运的方式。

我们都读过安徒生童话，却鲜少有人知道安徒生成为著名作家得益于他与书为伴。

安徒生是鞋匠的儿子。生活在社会最底层的他从小忍受着贫困与饥饿的煎熬以及富家子弟的奚落和嘲笑，但他是个爱做梦的孩子，

梦想有朝一日能够通过个人努力摆脱歧视，成为一个受世人尊重的人。

没有人愿意跟他玩，他一天大部分时间都把自己关在屋里，读书或者给他的玩具娃娃缝衣服，然后等待晚上父亲给他讲《一千零一夜》的故事，或者向父亲倾诉他想成为一名演员或作家的梦想。

家境虽不好，但安徒生却养成了与书为伴的习惯。他 11 岁丧父，14 岁被迫独自踏上了前往哥本哈根的寻梦之路。初到哥本哈根，他做演员，但依然无法摆脱别人的歧视，经常受到许多人的嘲笑。他意识到自己无法成为大演员，为了成为名人，就开始投身到写作中。

安徒生知道，他一无所有，唯有从小养成的读书习惯，看过很多书。既然他喜欢读书，有写作的梦想，就努力去实现写作梦吧！

安徒生笔耕不辍，于两年后出版了第一本小说集。不过，由于他是个无名小卒，书根本卖不出去。他试图把这本书敬献给当时的名人贝尔，却遭到讽刺和拒绝："如果您认为您应当对我有一点儿尊重的话，您只要放弃把您的书献给我的想法就够了。"

在哥本哈根，他的梦想之火一次又一次遭遇瓢泼冷水，人们嘲笑他是个"对梦想执着，但时运不济的可怜的鞋匠的儿子"，他一度抑郁甚至想到自杀。但每次在梦想之火濒于熄灭之际，他就会一遍又一遍地告诉自己：我并不是一无所有，至少我还有梦想，有梦，就有成功的希望！于是，他坚持读书，坚持写作，苦苦去追求自己的作家梦。

终于，在安徒生来哥本哈根寻梦的第 15 个年头，在经历过一次次刻骨铭心的失败后，29 岁的他以小说《即兴诗人》一举成名。紧接着，他出版了一本装帧朴素的小册子《讲给孩子们的童话》，里面有 4 篇童话——《打火匣》《小克劳斯和大克劳斯》《豌豆上的公主》和《小意达的花儿》，奠定了他作为一名世界级童话作家的地位。

安徒生用梦想点燃了自己，用童话征服了世界。成名以后，安徒生受到了王公大臣的欢迎和世人的尊敬，他经常收到国王的邀请并被授予勋章，他终于可以自在地在他们面前读他写的故事而不用担心受到奚落。但从他的童话中，我们仍可以看到他的影子，他就是《打火匣》里的那个士兵，就是那个能看出皇帝一丝不挂的小男孩，就是那只变成美丽天鹅的丑小鸭……

谁会想到，一个两手空空来繁华都市寻梦的穷孩子，最终会得到人生如此丰硕的回报？之所以如此，就是因为他有梦，而且在困难面前从不轻易熄灭梦想之火，在生活中持续与书为伴。

梦想是属于勇者的，你想要怀抱梦想，在通向梦想的大路上，你必须与书为伴，同时勇闯一道道关——利用书给你提供的知识和智慧去战胜困难，利用困难来激励自己读更多的书，学习更多的知识。

当然，读书的作用不仅仅是改变命运，实现梦想，还可以提升自己的素质、道德修养以及让自己的知识和技能与时俱进。因为，生活在这样一个信息爆炸的时代，学习已经是一件毋庸置疑的事情，你不学习，就会被淘汰，因为学问是一个永续不止供给的过程，要想使你的人生广厦岿然不动，就必须不断地学习，不断地对学问进行修缮、添砖加瓦。

杜鲁门总统曾说："不是所有的读书人都是一名领袖，然而每一位领袖必须是读书人。"有人曾做过一向调查，他们发现，世界 500 强企业的 CEO 至少每个星期要翻阅大概 30 份杂志或图书资讯，这样算下来一个月就需要读 100 多本书，而一年则更可以多达 1000 本以上。可以说，每一个成功者都是有着良好阅读习惯的人，那还没有成功的你呢？是不是也应该养成这样一个好习惯呢？

如果养成每天读书的习惯，在人生旅途中与书为伴，那么你能在学习过程中寻找到乐趣，能在读书过程中与前人、智者以及真理不断接近，能从那里获取技能和智慧。更重要的是，读书所带来的惊喜总是不经意的。因而，你必须想方设法使这份不经意更长久，让读书变成陪伴你终生的好习惯。

与书为伴是每个人最应该养成的一个习惯，而且读书的好习惯永远都不会过时。无论是今天，还是未来，坚持读书都是让你获得人生财富的一个必然途径，抑或将其说成是改变一个人命运的方式。

其实，对于马未都一直都并不陌生，只是原来并不了解他是那么爱书，爱读书。直到在央视的《开讲啦》中听到马先生的"读书有什么用"的演讲，才深为震动，原来，读书的价值远远要超过我们一贯所认知的那些高度。

马先生生活在那个特殊年代，让他跟很多人一样，并没有机会接受更多的学校教育，他只上到小学四年级便永远地离开了学校。可能很多人都不敢想象，对于这样一个学富五车的学者学历竟然只有小学四年级的水平。的确，这也让马先生在很多时候很为难，因为很多情况下他需要在一些正式的履历表中填写自己的文凭。不过，他并未因为一纸文凭而困惑，因为没有文凭，他仍旧可以去读书。

在离开学校后，马未都没有将宝贵的时间荒废在无所事事之上，而是向邻居借来了《红楼梦》，当时这还是一本禁书，因此他读得格外小心也格外投入，以致他后来说自己差点死在这书里。在那个年代，书也是十分匮乏的资源，不是想读什么书就能找到什么书，不过，马先生对于书的热情早就超过了常规的想法，他几乎不会放过读任何一本可以获得的书的机会。

父母在部队的医院工作，为了找书他就跑去医院的一些废弃的屋子里去翻腾，最后他找到了一本医学书。即使是专业出身的医生，读医书也不是那么轻松，何况他没有任何基础，甚至也没有受过什么教育的人，这样的书读起来既无趣味，又艰涩难懂，但是他还是很快便通读了一遍，并且他还从中学到了不少知识。少年时，他几乎什么书都读。记得在插队时，他在老乡家看到他们正在撕一本书来糊墙，就从老乡那里把书借来，希望让他先看完后再糊墙。尽管他不知道那本书的名字，但是他仍旧乐此不疲，因为他觉得这书一定对他有用，所以他要借过来先看。

无论是当时只有小学文化的懵懂少年，还是现在学贯古今的大学者，马先生始终都未放弃读书，他一直在读，并且坚持读各种类型的书，最近他开始读一本名叫《斯基泰时期的有色金属加工业》副标题叫《第聂伯河左岸森林草原地带》的书，单从名字来看，这就不是一本有趣的书，但是像当年读医书一样，他觉得很有用，他经常说："我一生中读的最枯燥的书，对我的影响最大，最有意思的书，对我的影响是适度的。因为有意思的书，可能很少去想，越枯燥的书想得就越多。"

从马先生今天的造诣来看，就可以很好地解释读书究竟有什么用，以及人为什么需要养成每天读书的习惯。不仅如此，生活在这样一个信息爆炸的时代，学习已经是一件毋庸置疑的事情，你不学习，就会被淘汰，因为学问是一个永续不止供给的过程，要想使你的人生广厦岿然不动，就必须不断地学习，不断地对学问进行修缮、添砖

你的习惯是一切美好的开始

加瓦。

　　在学习的过程中，读书务必是核心的乐趣所在，读书的过程是你与前人、智者，以及真理不断接近的过程，它所带来的惊喜总是不经意的，你必须想方设法使这份不经意更长久，让读书变成陪伴你终生的好习惯。

## 2. 与优秀的人为伍，你才能出类拔萃

读一本好书，犹如和一个优秀的人在交流，而直接寻找并和优秀者在实战中结识，成为分享成功、精神交流的挚友也是一种方法。任何人都不能否认，人是社会的人，谁都不可能孤立地存在，为此有一个良好的朋友圈子，将会成为你提升自己、成就自己的先决条件，也是你不断学习的可靠支撑。

习惯也是可以浸润和传染的。与什么样的人交往，将决定你可以成为什么样的人。因此，不妨从现在起，多花一些时间与那些善于思考的人在一起，与那些大家公认的优秀的人为伍。千万不要怕别人说你"现实""势利"，在学习这件事情上就是要有一些眼光，就是要挑剔一些，因为那些优秀的人除了自身具有出众的聪明才智外，他们更愿意投入很多时间学习新的技能。与他们交往，他们的好习惯也会在你的身上摩擦出火花，额外的回报甚至更多，比如，他们很可能会与你分享他的知识。

经常听到一些人生阅历丰富的人会说："人生有三大幸运：一是，上学时遇到一位好老师，二是，工作时遇到一位好师傅，三是，成家时遇到一个好伴侣。"其实，这就是说，人生在不同的阶段，如果能够与出色的人在一起，那么他的人生也将变得无比出彩。千万不

要让自己因为选择错了而陷入不幸，通晓这个道理将有助于你提升自己的格局，就如早在几千年的孟母就懂得择邻处的道理，这也一再说明了和谁在一起的确很重要。

俗话说得好，你能走多远，取决于你与谁同行。

有人说，读一本好书，犹如和一个优秀的人在交流，而直接寻找并和优秀者在实战中结识，成为分享成功、精神交流的挚友也是一种方法。任何人都不能否认，人是社会的人，谁都不可能孤立地存在，为此有一个良好的朋友圈子，将会成为你提升自己、成就自己的先决条件，也是你不断学习的可靠支撑。

与优秀的人交往，将会让你出类拔萃。正如有人所说的："你想成为什么样的人就和什么样的人在一起。想成为健康的人，那你就和健康的人在一起，因为他会告诉你如何保养身体；想成为快乐的人，就和快乐积极的人在一起，因为他会告诉你如何拥有快乐积极的心态；如果你想减肥，千万不要和胖子在一起，因为除了遗传因素，一个人之所以胖是因为他从来不知道节制食欲，而且他通常会有一种不在乎胖的理论，你跟他在一起，就会不知不觉中受到他的影响，那你只可能越来越胖；同样，你想成为学有所成的人，就要和有学问的人在一起，因为他们对学问孜孜以求的习惯会感染并影响你。"

当今，世界很多人都对保罗·艾伦并不陌生，但是至今人们都认为他是一位"一不留神成了亿万富翁"的人。其实，这是一种误解。真正的原因是什么呢？那就要从他与比尔·盖茨成为朋友说起。

早在中学时，艾伦便迷上了计算机，也正因为这个共同爱好，艾伦与比他低两个年级的盖茨成了好朋友，他们经常一起研究、讨论计算机，甚至比赛编程。盖茨天才般的思维方式及学习习惯，让艾伦的思维更敏捷，头脑更灵活，这也为艾伦后来的成功建立不可磨灭的功勋。

可以说，一个优秀的朋友更能让你变得出色。在当今世界，微软公司已成为世界 IT 业的一艘超级航空母舰，掌舵者盖茨已成为人所共知的世界首富。而副总经理在总经理的巨大光环下，虽然有些暗淡，但在《福布斯》富豪榜上也名列前五位，个人资产达 210 亿美元。

这就是优秀的人的影响力，他们的习惯将会是你最好的学习方向，你只有不断与他们靠近，才能受到良好的感染和熏陶。不想让自己一文不名，庸庸碌碌，那么，就要找些优秀的人作为榜样。

# *3.* 你的成长是你的，不要盲从任何人

学习本来就是一个认识、认知、消化、吸收的过程，任何东西若不经过加工直接拿来用，那不是剽窃就是盲目的模仿，对于提升你的能力没有任何好处。

学习不是为了成为别人，而是为了成就自己。在学习的过程中，不能盲从，要有所创新和提高。学习本来就是一个认识、认知、消化、吸收的过程，任何东西若不经过加工直接拿来用，那不是剽窃就是盲目的模仿，对于提升你的能力没有任何好处。

最近有一个提法在网络上十分火爆——"三不女"，即指在生活中不逛街、不盲从、不攀比的女性。在坊间逐渐有了"嫁人当嫁经济适用男，娶妻当娶'三不女'"的呼声。其实，不只是女性需要不盲从，对于每一个人来说，在学习和生活中都要做到不盲目跟风，随波逐流，始终坚持自己的原则和主见。

因为不盲从，所以知道自己需要的是什么，从而不会把时间、精力浪费在一些本来就不适合自己的东西之上。不仅如此，不盲从也是一个人走向成功的前提。对此，哈佛大学曾经做过一项调查，他们选择了一些学生作为调查对象，结果发现：没有目标的人占27%，人生目标模糊的人占60%，有清晰而短期目标的人占10%，有清晰而

长远目标的人占 3%。

多年以后，他们再次找到这些调查对象，对他们进行调查。结果令人侧目，那些极少数的，有着清晰且长远目标的人最成功，他们中有的成为行业精英，有的成为社会名流，并且大多数生活过得十分幸福；而相比较那些没有目标的人境遇最惨淡，他们大多生活没有目标，随波逐流，整日怨天尤人。

做人如此，学习也应如此，不盲从，知不足然后学才会更有针对性，才能更直达目的，做到学习的最大化。如若不然，就像下面故事中的这个孩子一样，因为盲从而让别人牵着鼻子走。

在世界文学史上普希金是一位不失伟大的诗人，他的影响力不用过多渲染就已经可以彪炳千古。不过，这样一个伟人，在数学上却是一个"白痴"。在小学时，他发现老师给同学们讲解四则运算的例题时，最终的结果总是零。

于是，小普希金自以为是地决定，不论他遇到什么样的数学试题，都会迅速而敏捷地在等号后面写上"0"。为此，他的数学老师很是无奈，他感觉到这个孩子要想在数学上取得一点点成绩几乎是没有任何希望。不过，他未责怪或者鄙视这个孩子，而是亲切地对小普希金说："去写你的诗吧，对你来说，数学就只意味着是个零。"

结果老师是对的，普希金在诗歌方面果然天赋异禀。

当普希金的诗歌受到越来越多的人喜欢，他的名声也显赫一时。有一次，他打算去奎夫城，不过半路上他所乘坐的四轮马车翻了，好在人并无大碍，运气也还算不错，路边就有一家小旅店，这样他们不至于露宿野外。

走进小旅店，老板得知来人是普希金后，显得十分兴奋，他觉得这样一个大人物能来他的店投宿简直就是天大的恩赐。于是，他飞快地跑到地窖里，取了一瓶最好的酒，跑回来款待这位受人尊敬的客人。老板娘也跑出来招待这位贵客，并拿出了一本很大的旅客登记簿，要求普希金在上面签名。

当然，普希金也没有令他们失望，很高兴地在登记簿上写下了自己的名字。这时，他发现在自己旁边有一个小男孩双手捧着练习本，正尊敬地看着他，希望也为他签名。不过，诗人在练习本上发现了一道四则运算题，他会错了"意"，以为小男孩是要求自己给他解答这道题目。于是，他毫不犹豫，在题目后面的等号后写上了"0"，并对小男孩说："小家伙，试试你的运气如何？"

隔天，小男孩的练习本上被老师打上了一个鲜红的"×"，小男孩非常不服气，他心里想："这是普希金亲自写上的，怎么会错呢？"于是，他去找老师申诉。这件事情传到了名誉校长谢连科夫将军——一位又老又瞎的贵族的耳朵里，他对那位老师说："好啦！我根本就不懂教育，但被邀请做你们的荣誉校长。普希金也不懂数学，所以就让这个零作为这道题的荣誉答案吧。"

显然，在普通人的世界里，崇拜会让他们习惯去模仿他们的偶像，崇拜也会让他们冲昏头脑，从而导致盲从，认为只要是那些大人物说出来的话，或者做过的事情就一定是对的。而事实并非如此，人们在对一件事做出判断时，最好首先要独立思考一下，看看自己是否被某些人所左右，并且这种左右是否会干扰你判断的准确性。

正如《求职六决》的作者保罗·波恩顿所说的："求职者通常犯下的最大错误，就是不能秉持本色。他们总是揣测对方期望得到什么样的答案，而不是直截了当地讲出自己的想法。"没有哪个企业家会对一个东施效颦者产生更多的好感，他们需要的是一个时刻能够把控自己，提升自己，并且能够独立作出判断的人来为他们工作。因此，养成不盲从的习惯尤为重要，唯有如此，你才能始终保持自我本色，在学习中创新并不断提升自己的才能和修养。

## 4. 养成积极思考的习惯，你就是真正聪明的人

学历未必重要，甚至知识也未必重要，真正重要的是解决问题的能力。如何才能让死知识转化为活能力呢？这就需要人们进行积极思考，打破固有的、僵化的逻辑思维模式，去解决人生中遭遇的各种难题。

爱因斯坦曾经说过："任何读多思少的人都会养成懒惰思维的习惯。"只是简单地学习别人的东西，这样的智慧是不够的。过去很长一段时间到现在，我们周围始终都不缺乏一些理论高手，而高分低能也逐渐成为困扰很多人的一种"怪现象"。

知识很多时候最大程度上被人们刻印在了记忆中，而当实践中出现问题时，这些知识显得十分苍白，似乎并不能帮助人们最大程度地解决实际问题。这反映出来的实际上就是知识的转化问题。很多时候，人们就像古时的赵括一样，只懂得"纸上谈兵"，而不懂得如何将那些兵法灵活地运用到战场之上。

数学家克雷·夫曾深刻地指出："在从事任何事业中，思想只占2%~5%，其余95%~98%是行动。"这一再说明"纸上得来终觉浅，须知此事要躬行"的道理。如何将学习成果转化成工作能力不仅是首要的，也是必要的。学是为了用，而不是为了"弄"，即便你

吹嘘得再过火，不能在实际生活工作中发挥作用也是白搭。

甚至有人提出了这样的观念——学历未必重要，甚至知识也未必重要，真正重要的是解决问题的能力。而如何才能让死知识转化为活能力呢？这就需要人们进行积极思考，打破固有的、僵化的逻辑思维模式，去解决人生中遭遇的各种难题。

江伯年是一家大型企业集团的老板，年届六旬，没有念过一天书。有一次，老江应邀去市里参加一个知名企业家高端论坛。在会上，老江的一席话把在座的人都怔住了。谁都不相信，一个一天书都没读过的人，却满口新鲜词汇和先进的管理理念，比如，蓝海战略的境地分析、执行力的战略核心等。

老江演讲完毕，赢得了在场所有人的热烈掌声。然而，大家可能不相信，就是这样一个可以讲出如此先进管理理论的人，却连自己的名字都写不好。那么，他是如何做到的呢？原来，老江十分清楚自己有几斤几两，要是按照常规的方法，自己肯定无法读懂那些管理理论，更不要说将其转化并运用到自己的管理实践中去。

于是，他想出了一个办法，他花高薪聘请了三位本地出生的工商管理硕士和博士生，他们中有的是大学老师，有的曾是大型企业的高管。而来到老江的企业后，他给他们的首要任务就是看书。老江要求他们每人每个月看两本最新的国内外先进的管理理论书籍，然后用当地的潮汕话讲给他听，并且要告诉他每本书讲的内容是什么？作用如何？以及如何将这些理论运用到实践中等。

就这样，老江每个月至少可以学到六本管理方面的书籍，没过几年，他就掌握了大量国内外最先进的管理理论，通过合理地转化又将这些理论与自己的企业相结合，不仅让自己的企业做得风生水起，而且自己也由一个目不识丁的"大老粗"变成了一位全副武装的管理专家。

实际上，读书就好比咀嚼食物，只有完全经过吸收并转化过后，才能完全变成适合你生长发育的能量。正所谓，尽信书不如无书，重要的是要能活用它们。你不应该被书牵着鼻子走，而应把书当成自己人生的注脚。

这就是为什么在现实中那些学富五车的"书呆子"，往往不如一些头脑灵活的"机灵鬼"更受人欢迎。因为他们更善于把自己所学到的东西真正地用到实处。

林坤和赵羽是大学同学，学的是市场营销专业，毕业后两人一起进入一家大公司的市场部工作，这样看起来也很不错，起码专业对口，待遇也不错，互相熟悉工作起来也更加默契。不过，一年之后，林坤被提拔为了市场主管，而赵羽却原地踏步。这让赵羽很是不满，因为在学校时，他的成绩都要强于林坤，并且他觉得自己比林坤更加守纪尽责。思来想去，自己之所以没有被提拔估计是平日里没有和老板搞好关系，在这方面林坤确实做在他前头，经常有事没事就往老板办公室里跑。

赵羽虽心有怨怼，却也没有直接找老板去说。不过，他的不满情绪却被老板看在了眼里。有一天，老板把赵羽叫到办公室，让他去本市最大的家电卖场调查近期空调扇的销量及市场前景。

赵羽来到那家卖场，四处转悠了一圈，并未发现有空调扇，于是，他很快便回到公司，向老板汇报说："我去了那家卖场，里面根本就不卖空调扇，估计是行情不好，店家根本就没有进货。"

老板听过赵羽的汇报后，点点头，却并未多言，而是让赵羽把林坤叫进来，当着赵羽的面，又向林坤布置了同样的任务，并且示意赵羽坐下，一起等林坤回来。

过了一段时间，林坤回来了，他满头大汗都未来得及擦，并兴奋地对老板说："我们应该赶紧弄一批空调扇，因为气象部门预测，本地同期的气温要比往年要高，还未进入盛夏，大家已经感觉热得受不了了，所以卖场的空调扇早就被一抢而空，目前正处于断货状态。"说着，还把自己制作的一份近期卖场空调扇销量图表呈给了老板。

看到这样的情景，赵羽觉得非常惭愧，悻悻地走出了老板的办公室。

其实，能够将所学知识完全转化为实践能力，才是一个人的真正智慧，也才能真正彰显"知识"的力量或价值。很多出色的技术人才、蓝领精英们，正是通过不断将学习成果转化为工作能力，才让他们越来越受到用人单位的垂青。学习固然重要，能够学以致用更加可贵，每个正在奋斗路上的人都要牢记这点，即使你的知识累积得再多，如果不能拿来解决实际问题，那也就是聋子的耳朵，中看不中用。

## *5.* 向别人的教训要智慧，你也能"经验"丰富起来

善于总结他人的教训，在很大程度上是你走向成功的一条捷径，你不必再为此浪费时间和精力去求证和实验，这并不是偷懒，而是提高效率尽快获得成功的方法。毋庸置疑，所有前人的教训都是你未来工作和生活中宝贵的经验，获得了这些，你在做事情时就可以做到事半功倍。

不仅要学习他人成功的方法，更要去总结他们失败的教训，这样你就可以把他人的教训变为自己的经验，从而避免犯与他人同样的错误，这样你就会离成功更近一点。就好比你只需要从科学家那里获知地球是圆的即可，而不必再花费时间去证明为什么地球是圆的，因为科学家在得出这个结论之前已经做过了严谨的求证。

善于总结他人的教训，在很大程度上是你走向成功的一条捷径，你不必再为此浪费时间和精力去求证和实验，这并不是偷懒，而是提高效率尽快获得成功的方法。毋庸置疑，所有前人的教训都是你未来工作和生活中宝贵的经验，获得了这些，你在做事情时就可以做到事半功倍。

当然，从教训到经验的转化也需要一个合理的过程，这就要求你必须得对失败的原因加以分析、总结，只有这样得出的结论才是有益

的。不难发现，但凡那些成功的人，大都是善于总结经验的人，并且他们将此列为一个重要的学习习惯来遵循。

有时候你的强大正好是因为你懂得借鉴和善于总结，这往往能够弥补你自身能力及经验方面的缺失。雷浪声就是这样一个创业成功的典范，典型的"90后"大学生，其学历不仅只是大专，而且所就读的学校名气也不大。不过，这并没有影响他立志创业的决心，在大学期间，他就与几名网上结识的"80后"朋友开始了手机软件开发的工作，虽然他们的工作环境简陋，但是开发出的产品上线后反响却很好，获得了百万级的天使投资基金。之后，他注册成立了瓶子科技有限公司，不久之后，他的公司又获得了1800万元的投资入股。

他们产品的名字叫作"刷机精灵"，使用智能手机并且刷过机的人对此并不陌生，而且体验过各种刷机软件的人更深有体会，"刷机精灵"的确很好用，操作简单，可以真正做到一键刷机。产品成功占有市场之后，他们也面临着来自几大互联网巨头的挑战，比如百度、盛大、腾讯等互联网公司都开始涉足刷机行业，不仅如此，其他的大小竞争对手也如雨后春笋般涌现出来。

在如此激烈的竞争局面下，雷浪声没有自乱阵脚，而是继续汲取各家产品之经验教训，对自己的产品进行更新迭代。"刷机精灵"在不断优化之下，始终保持行业领先位置，赢得了国内互联网巨头的青睐和关注。在2012年8月，也就是"刷机精灵"诞生一年之后，腾讯CEO亲自出马，以6000万元人民币全资收购了雷浪声的公司。

当有人问起雷浪声成功的秘诀时，他不无感慨地说："创业需要勇敢挑战困难、担当压力，不浮躁，不虚伪，善于总结失败经验并用心去沉淀，才能获得更多的成长。"

你的习惯是一切美好的开始

这再一次证明，那些成功的人，往往更善于在别人按部就班工作的时候，发现一些通向成功的有效方法。这样一来，他就能大大提高工作效率，将问题解决得更好、更完美！正因为他们有这种"找方法"的意识和能力，让他们以最快的速度获得了成功。

实际上，善于总结是一种大智慧，当然善于总结不仅要总结自己的一切过往，更要懂得从他人的成功或失败中汲取养料，将其注入自己未来的耕作之中，让自己的田地更加肥沃。善于把他人的教训变为自己的经验，往往能使自己心明眼亮、得到"免疫"、减少挫折，能更快更好地发展自身、完善自我。

佛尔是一名普通的邮递员，在他供职的那个年代，每个邮递员都用一成不变、陈旧的方法来分发邮件，这样做虽然没有错，但是却时常会发生邮件被耽误几天或者更久送达的情况。当然，这在当时并没有人追究，因为大家认为这是客观存在的问题，人们对此无能为力。

然而，佛尔却很不满意，他开始研究一贯的做法，并总结周围同事们延误邮件的原因所在。经过一段时间的探索和总结，他找到一个新的方法，即把信件集合寄递，这样极大地提高了信件的投递速度。

不久之后，佛尔便获得了升迁。5 年后，他成了邮务局的帮办，紧接着，又从帮办升为了总办，最后他由一名普通的投递员一举坐到了美国电话电报公司总经理的位置。

其实，佛尔做的事情很简单，他只是去探究了一下众人失误的原因而已，并且他没有把这些失误当作理所当然的小事，而是通过自己的分析和总结，最终得出了对改善工作非常有效的经验和方法。这就是聪明人的做法，他们在看待一件事情时，往往先去通览整个事件，然后再去思考是否能够寻找到简单的办法，正所谓"磨刀不误砍柴工"。

# *6.* 自发自动学习，你就能不知不觉优秀起来

今天的努力都不会白费，当学习自觉性成为一种习惯后，你就不会有所顾虑，因为学习已经成为你生活的一部分，而这些努力在不久的将来都会被时间看到，一切都不会白费。

和其他所有事情一样，学习也需要你主动、自觉地去为之，并试图使这种自觉性成为一种习惯。当学习如同每天要吃饭、洗脸、刷牙一样后，你就不会再为不能学习而找任何借口，因为没有人会因为没时间或者太忙而放弃每天的一日三餐。同样，即便是再忙，也会有时间去睡觉。

不仅如此，当自觉学习成为一个习惯后，你就会不畏困难，在任何时候都可以创造出学习的条件。一个人的起点并不重要，重要的是他的终点在哪里，而在这一过程中，自觉地学习就是促成结果好坏的决定性因素。

一个人想变得很棒，不是简单地上几节课，看两本书就能达成的。需要我们不断地提炼，不断地进步。只要我们的目光不局限在无关梦想的小成绩上，或者不要太过重视我们自己总结的种种风险中，努力地向着我们的目标奋进。认真摄取，不断进步，总有一天，你会变得很棒的。

海伦·凯勒的故事，想必大家也熟悉。她好像注定要为人类创造奇迹——向常人昭示着残疾人的尊严和伟大。而她的一切事业和功绩，都是源于她的努力，源于她长期自发自动地学习。

海伦·凯勒她一岁半时突患急性脑充血病，连日的高烧使她昏迷不醒。当她苏醒过来，眼睛烧瞎了，耳朵烧聋了，那一张灵巧的小嘴也不会说话了。从此，她坠入了一个黑暗而沉寂的世界，陷进了痛苦的深渊。

1887年3月3日，家里为海伦请来了一位教师——安妮·莎莉文小姐。安妮教会她写字、手语。当波金斯盲人学校的亚纳格诺先生以惊讶的神情读到一封海伦完整地道的法文信后，这样写道："谁也难以想象我是多么惊奇和喜悦。对于她的能力我素来深信不疑，可也难以相信，她3个月的学习就取得这么好的成绩，在美国，别的人要达到这种程度，就得花一年工夫。"这时，海伦·凯勒才9岁。

然而，一个人在无声、无光的世界里，要想与他人进行有声语言的交流几乎不可能，因为每一条出口都已向她紧紧关闭。但是，海伦是个奇迹。她竟然通过自学一步步从地狱走上天堂。不过，这段历程的艰难程度超出任何人的想象。她学发声，要用触觉来领会发音时喉咙的颤动和嘴的运动，而这往往是不准确的。为此，海伦不得不反复练习发音，有时为发一个音一练就是几个小时。失败和疲劳使她心力交瘁，一个坚强的人竟为此流下过绝望的泪水。可是她始终没有退缩，夜以继日地刻苦努力，终于可以流利地说出"爸爸""妈妈""妹妹"了，全家人惊喜地拥抱了她，连她喜爱的那只小狗也似乎听懂了她的呼唤，跑到跟前直舔她的手。

1894年夏天，海伦出席了美国聋人语言教学促进会，并被安排到纽约赫马森聋人学校上学，学习数学、自然、法语、德语。没过几个月，她便可以自如地用德语交谈；不到一年，她便读完了德文作品《威廉·退尔》。教法语的教师不懂手语字母，不得不进行口授；尽管这样，海伦还是很快掌握了法语，并把小说《被强迫的医生》读了两遍。在纽约期间，海伦结识了文学界的许多朋友。

受到文学界一些名家的鼓舞，海伦的心中一阵激动，人世间美好的思想情操，隽永深沉的爱心，以及踏踏实实的追求，都像春天的种子深深植入她的心田，从此更加努力奋斗。最终，她以优异的成绩考上了哈佛大学拉德克利夫女子学院。

毕业后，海伦出任马萨诸塞州盲人委员会主席，开始了为盲人服务的社会工作。后来，她又成立了美国盲人基金会民间组织，并一直为加强基金会的工作而努力。在繁忙的工作中，她始终没有放下手中的笔，先后完成了14部著作。其中，《我生活的故事》《石墙之歌》《走出黑暗》《乐观》等，都产生了世界范围的影响。

海伦幼时患病，两耳失聪，双目失明，却能取得如此辉煌的成就，以致著名作家马克·吐温说，19世纪出现了两个了不起的人物，一个是拿破仑，一个就是海伦·凯勒。

看完海伦·凯勒的故事，估计很多人都会觉得惭愧，因为你的处境估计要比她好上一万倍，然而，你却总是抱怨没有时间学习。这是为什么呢？因为你的学习缺乏自觉性，上学时觉得学习是为了给父母学，工作后学习又是为了老板学，什么时候你都没有意识到，你所学到的任何东西最终受益的人是你。

所以大多数时候你对现状不满，认为自己不应该仅仅是个小职员，不应该只是个打工仔，可是，你又曾主动为改变这样的现状做过什么努力吗？你总是怕学到的东西没用，总认为那些不停苦学的人是愚笨的表现。然而，有人曾经这样说过："没有谁可以预见未来将要发生什么，也不可能知道自己现今所学的东西能否为自己带来实际价值。这些东西的价值只有时间可以验证，只有当我们回头凝望所走过的道路，把那些曾经发生的点点滴滴串联起来后，才能找到答案。"

看到了吧！今天的努力都不会白费，当学习自觉性成为一种习惯后，你就不会有所顾虑，因为学习已经成为你生活的一部分，而这些努力在不久的将来都会被时间看到，一切都不会白费。

# 7. 生活是最好的老师，你需要虔诚向它学习

那些善于向生活学习的人，往往会有这样的感觉：如果一个人的知识仅来自于书本，那么他永远也无法获得成长，因为，他没有读懂生活，也不明白生活的真谛……不仅如此，生活还会在不经意之间给予人灵感，只要你用心留意、仔细观察，可能你所学到的和得到的会超越你的想象。

其实没有必要去定义学习，去刻意安排时间去学习，也不一定非要有什么正式的学习方式，学习途径。我们在苦恼无法找到一个正确的学习模式的时候，却忽略了生活其实就是我们最好的老师。那么，生活能交给我们什么呢？

生活本来就是多姿多彩的，也是复杂多变的，它有太多值得我们去摸索和学习的，这些都是书本上、课堂中无法涉及的。那些善于向生活学习的人，往往会有这样的感觉：如果一个人的知识仅来自于书本，那么他永远也无法获得成长，因为，他没有读懂生活，也不明白生活的真谛……不仅如此，生活还会在不经意之间给予人灵感，只要你用心留意、仔细观察，可能你所学到的和得到的会超越你的想象。

比如，当年牛顿坐在苹果树低下沉思，谁知一颗苹果落在他的头上，让他发现了万有引力；李冰修筑都江堰，无论如何都不能完成，

一次看到山溪里放着一些竹篓，因为里面放着衣服而没有被水冲走，于是，他找人编好大竹篓，装进鹅卵石，再把竹篓连起来，一层一层放到江中，这下大水没了办法，都江堰便筑成了；瓦特8岁的时候，看到烧水时壶盖因为蒸汽的动力被顶起来，于是，发明了蒸汽机……这样的例子不胜枚举，很多时候，生活给予我们的，远比你想象的要多，最好的办法就是低下头，向生活虔诚地学习，并把它当作最好的老师。

茅侃侃的个人简历十分简单，典型的"80后"，学历初中，地道的北京人。从小学五年级开始玩电脑，14岁开始在《大众软件》等杂志发表数篇文章，并自行设计开发软件。初中时带着校队参加北京市的计算机比赛，所向披靡，无人能敌。2004年，二十出头时正式创业，开始担任时代美兆数字科技有限公司首席架构师兼首席运营官。

为什么一个初中毕业的人，能够叱咤于互联网这样高精尖的领域，并且最终获得财富和事业的大丰收呢？当然天赋肯定是有的，善于学习更是重要的一环，只不过，他的学习独辟蹊径，他没有将学习固定于教室内、课堂上，而是闯入广阔的生活中自由摄取。

在正式创业的前三年，他开始频繁换工作，从小网站、游戏公司、电视台，一直换到政府事业单位；从研发、策划、市场、宣传一直做到节目制作。别人工作是赚钱，而他工作是赔钱，几年间不仅没存下一分钱，却花光了20多万的积蓄。在他看来这没什么可惜的，这些都是他向生活交的学费，自然他学到的东西更多。在这段向生活求学的过程中，他见识到了各行各业、各阶各层的"道道"，这为他接下来创业奠定了坚实的基础。

于是才有了那本《在那西天取经的路上》一书的诞生，他在里面这样写道：好的老师，叫生活。好的书本，就是本书！生活给了你创业的根本——需求生活是最好的老师，一切创意都来自于生活，一切创业的内容也都在生活之中，比如市场。这里指的市场就是"Market"，就是你要面对的那片红海或者蓝海，需求就在那里。抛开什么定位，抛开什么产品细节，抛开什么不切实际的"意淫"，抛开什么战略策略，抛开什么财务计划，更抛开什么核心技术与商业模式，市场就在你身边，这对于创业，比一切都重要。

茅侃侃自然不是为了贬低课堂学习而放弃求学深造，而是他发现了一条更适合他的学习之路，一个更适合他的"课堂"，那就是生活，在那里他可以肆意索取，不断地武装自己，最终他在它的悉心"教导"下获益无数。

茅侃侃的人生不能被复制，但是他的成功是可以被模仿的。当你还不知道自己想要什么或者不知道自己该如何走好自己的下一步时，不妨多问问生活，问问那个就在你不远处的良师，也许你要的答案就在眼前。

人们经常说读万卷书，不如行万里路，行万里路，不如阅人无数，这其中的道理估计值得每一个人去细细体味。正如古埃及的一位隐士所说的："我的一生是富有的，因为我都曾经历过。"生活赋予你的经历，就是让你成大事不可缺少的资本，所以，你不但要注重书本知识，也要注重生活中的知识。

因此，你不妨从现在开始不断地扩大自己生活的领域，勇敢地去尝试新的事物。在这些经历的过程中，也许会犯错，也许会迷失，也许有成长，也许有烦恼，但那都是你所应承受的。只不过，在承受过之后，它们都会累积起来，慢慢变成一笔丰厚的财富储蓄在你的人生银行之中，这笔财富专属于你，别人给不了，其他人也模仿不来，在特定时候，它们就会成为你走向成功的最强原动力。

所以，你要热爱生活，热衷于向它学习。当你足够爱这个你生活着的世界时，你便能够从生活的点滴中找到使你走上成功之路的那个需求点。你也要经常留心一下自己，因为你自己本身也是生活的一个因子。

# 8. 有目标地学习，你才能最有效地提升自己

人确知自己想要坚持的东西十分重要，更重要的是有选择地为达成这个目的而学习。学习的内容千千万万，如何在浩如烟海的知识海洋中找到适合自己的，这就需要你养成一种善于选择的习惯。

很多人都有这样的感觉，学习有时就好像在荒野中漫游。你不知道你在期望什么，而且心里也不是总有一个明确的最终目标。其实，选择是一种心态、一门学问、一个习惯，是生活与人生处处需要面对的关口。学习也是如此，不懂得选择，就得不到你真正需要的。只有学会选择的人，才能获得最适合自己的知识和能力，才能在未来竞争中拔得头筹。

况且一个人的时间是有限的，既要工作，又要生活，还要学习，那就需要提高效率。一个真正懂得利用时间的人，是不会把一切东西都往脑子里塞的。你必须审慎地运用你的智慧，有所选择，有所放弃，做最正确的判断，选择属于你的正确方向。正如一位思想家所说的："搬运夫和哲学家之间的原始差别要比家犬和猎犬之间的差别小得多，他们之间的鸿沟是由各自最初的学习方向造成的。"

很多时候，不是历史选择了那些优秀的人，而是那些优秀的人选择了创造历史。王选院士就是这样的人，他曾任中国科学院院士，中

国工程院院士，第三世界科学院院士，北京大学计算机研究所教授，他发明了汉字激光照排系统，从而被誉为"汉字印刷术的第二次发明"。

当然，这一切还得从他少年时期的学习经历说起。

17岁时，王选从上海来到北京，并且进入北京大学学习。一踏进北大，迎面而来的就是百年名校雕梁画栋的皇家气派和兼容并蓄的文化风范。这些深深触动了王选的心，让他从内心升腾起一股自豪感。

那时候，马寅初是北大校长，他主张要把办学重点放在基础课上。因此，在多位名师的引导下，王选接受了良好的数学训练，这为他顺利迈入高等数学的殿堂，并从事计算机应用研究奠定了坚实的基础。在人长达一生的过程中，往往决定你未来走怎样的道路，就是关键之时的一个或几个选择。

到了大三，王选就要面临人生当中现在看来是非常重大的一次选择。在大一、大二时，北大的习惯是同系不分专业，大家上的都是同样的基础课。而到了大三之后，王选所在的系就要开始分专业，他需要从数学、力学和计算数学三个专业中选择一个，作为今后自己学习的方向。专业的分化正是为了更好地、有针对性地进行学习，毕竟一个人的精力有限，不可能在所有领域都成为尖端人才。

对于成绩优秀的王选，他的导师们都希望他和其他尖子学生一样，选择数学专业，从而在数学领域里勇攀数学高峰、摘取桂冠。不过，王选并没有这样决定，而是选择了在那个年代还比较冷僻的计算数学专业。当然，在这之前他是做过认真思考和调查的。他留意到，在1956年我国制定的《十二年科技发展远景规划》中，第一次将计算技术列为"未来重点发展学科"，计算技术将成为我国迫切需要的重点技术。

于是，他毅然选择了学习在大多数人看来前景很渺茫、冷冷清清的计算数学专业。为了印证自己选择的慎重性，他去图书馆查阅报刊资料，看到著名科学家钱学森和中国科学院数学所专家胡世华撰写的文章，他们都提到，在未来，计算机技术将在航天工业、现代国防科学技术等领域有更广泛和重要的应用，他们都强调计算数学是一个前景十分广阔的领域。

这是王选一生中第一次重要抉择，这体现出了他与众不同的远见和洞察力，也为自己未来在计算机技术领域的卓越成就奠定了基础。

王选院士的选择历程说明，人确知自己想要坚持的东西十分重要，更重要的是有选择地为达成这个目的而学习。学习的内容千千万万，如何在浩如烟海的知识海洋中找到适合自己的，这就需要你养成一种善于选择的习惯。

对此，世界级的大侦探福尔摩斯曾说："人的脑子本来像一间空空的小阁楼，应该有选择地把一些家具装进去，只有傻瓜才会把他碰到的各种各样的破烂杂碎一股脑儿都放进来。这样做的后果就是，那些对他有用的知识反而被挤了出去，或者，最多不过是和许多其他的东西掺杂在一起。等你要用的时候，就感到困难了。"

因此，每个人在完善自己的同时，一定要从自己的实际需求去做出选择，从而决定学习的方向，唯有如此，你所学到的知识才是恰到好处的、有用的，这样的学习才是高效的。

## 9. 有终身学习习惯，你必将成就无比华美的人生

除了在学校求学期间，人在不同的人生阶段都需要进行不断地学习，并且最好能将学习当成一种生活方式。在竞争日趋激烈的今天，每个人都面临着更新观念、提高技能的挑战，因此，必须要养成终身学习的习惯。

不得不承认，学习不够是导致你最终失败的关键因素。为什么这样说呢？因为很多时候不是你不去做，而是你根本不会，你之所以不会，是因为你学习不够。因此，大凡那些成功的人都是不停学习的人，而大凡失败的人肯定是在学习上下的功夫不够，不仅如此，他们还认为，学习嘛！就是在学校的事情，一旦离开学校，就不用再学习了。正是这种看法害了他。

实际上，除了在学校求学期间，人在不同的人生阶段都需要进行不断地学习，并且最好能将学习当成一种生活方式。在竞争日趋激烈的今天，每个人都面临着更新观念、提高技能的挑战，因此，必须要养成终身学习的习惯。

其实，在现实中有很多成功的人士，最终让他们登到事业巅峰的并非他们的"本专业"，这些"半路出家"的人往往凭借的正是他们拥有良好的终身学习习惯。俗话说"学无止境"，如今的时代是个急

速变换的时代，这就要求每个人必须不断地在工作和生活中学习新的知识、摄取新的养分，从而不断提升自身的能力。孔子也说："朝闻道，夕死可矣。"这也正是终身学习的最佳写照。

只要你不停地去学习，就会有新的发现，而这有可能会让你在迷茫中重拾方向，也可以从根本上提升你的竞争力，以免让不断涌来的"后浪"将你拍在沙滩上。

彼得·詹宁斯是美国三大新闻主播之一，不过他的学习经历却颇为曲折、传奇。他先后在加拿大三一学院、卡尔顿大学，以及美国新泽西州的莱德尔学院读过书，但是其学术生涯却终身未曾获得大学毕业资格。就是这样，他从一个小记者开始，慢慢坐到了美国ABC新闻主播的位子上。

彼时，当詹宁斯成为美国ABC最受欢迎的晚间新闻主播时，正处于人生和事业巅峰的他，却做出了令人吃惊的选择，他辞去了主播的职位，而去做了一名普通的前方记者，去到新闻一线磨砺自己。在做记者期间，他做过美国电视网的中东特派员，也去到过欧洲地区做驻地记者。

经过十几年的历练，詹宁斯又重新回到了ABC，并坐到了主播席上。这次，他已由略显青涩的"初生牛犊"，转型为成热稳健的主播兼记者。他受观众欢迎的程度在台内简直无人可比，他的事业俨然又上升了一个高度。直至他去世为止，他在这个位子上坐了20多年。

其实，很多时候人们都不愿意承认自己的不足，甚至当发现自己的事业停滞不前时，也不会去主动改变，更不要说处于人生巅峰时放下一切去从头学习。这就是彼得·詹宁斯的出色之处，他懂得人需要不断地去学习新知识的道理。也正因为这种来自内心的、主动的选择，才让他能将终身学习作为一种习惯，并自然会将学习视为生命里的首要任务。从未停止学习，也最终成就了他无比华美的人生和事业。

　　所有这些成功的人都在用他们的经历告诉你这样一个道理，拥有终身学习的习惯是你走上人生美好的开始，只有你下定了坚持学习的决心，你才能掌控住每一个成功的机会，才能在每次关键的竞争中脱颖而出，从而实现开创属于自己的辉煌。

# 第四章

## 做最优秀的自己，有好习惯的你一定了不起

俞敏洪说，和日本朋友们在一起按照传统方式吃饭，他们都跪在榻榻米上吃，边吃边聊一跪就是一两个小时，我跪上十分钟就吃不消了。问他们累不累，他们说从小就习惯了。突然体会到再难的事情一旦成为一种习惯就好办得多。如果我们在学习上习惯不断努力，工作中习惯不断进取，也许成功就会来得容易一些。

# 1. 做事没计划，你只能是看起来很忙

你只是看起来、感觉起来很忙，你根本没有做成多少事。你应该认真思考一下，自己是否就属于这种情况。如果是，从现在开始改变自己的工作现状，你应该做的是聪明地工作，而非机械地努力，你要养成提前制订计划的习惯，以此来打败拖延，战胜无成就的"乱忙、瞎忙"。

在现实中，很多人都有这样的困惑，感觉自己每天忙得不得了，似乎天天都有做不完的工作，每天都在加班中度过，就连吃饭和睡觉都只能草草了事、不得安心。尽管如此，却感觉一点成就感都没有，工作也没有什么起色，老板也并没有为自己加薪升职做打算。每天忙忙碌碌，为什么只落得这样一个地步呢？

其实，你只是看起来、感觉起来很忙，你根本没有做成多少事。你应该认真思考一下，自己是否就属于这种情况。如果是，从现在开始改变自己的工作现状，你应该做的是聪明地工作，而非机械地努力，你要养成提前制订计划的习惯，以此来打败拖延，战胜无成就的"乱忙、瞎忙"。

约瑟芬来到公司已经足足七年，进来时她的职位是人力资源专员，现在仍旧是一名专员，除了每年会领到一份年终奖外，几年来工

资也几乎没有任何变化。虽然她看起来是努力的，但是就是没有让老板注意到她。这一点，她自己也十分苦恼，也有过跳槽的打算，但是想想自己为公司做了如此多的事情，就又有些不甘。

那么，真像她说的，她是被老板忽略了吗？从她几年来养成的工作习惯就可以看出事情的真相。

每天早上，约瑟芬总是会第一个来到办公室，作为新人时的她是怕迟到给上司留下不好的印象，久而久之早来便成为她的习惯。这个看上去很好的习惯却没有为她带来一些好的变化。起初，大家还觉得她是个勤奋的人，后来大家就不这么看了，他们觉得她这是因为工作效率低，才不得已而为之。

的确，约瑟芬的工作效率是有些问题，每天她的办公桌上都被各种各样的文件、报表等堆得满满的，面对这些杂乱的待办工作，她常常是随手一抓，也不去管是什么主次、先后，反正她觉得这些事情早晚都得做。

在做的过程中，有同事经过，她就忍不住要跟对方寒暄几句，有时候是工作方面的牢骚，有时候也会问几句工作方面的事情，这样一来，正在处理的工作就被打断了，等她聊完之后，不得不再花些时间回忆一下自己究竟做到哪一步。有时候，没等她想起来，新的任务又下达了，于是，她不得不立刻去处理上司布置的新任务。

接下来的工作也不顺利，处理的间隙又不断有新邮件进来，有些是求职者的简历，有些是公司的最新招聘需求。这样，她又不得不停下手里的工作，花费时间去浏览和整理这些邮件，其间，工作聊天软件上的头像一闪一闪，她又转而去应付，与这些人聊完之后，一上午的工作时间就基本结束了，而她一份工作都没有完成。

通常这时，约瑟芬会抱怨几句自己工作实在太多，之后便去享受午餐。

本来打算下午好好打起精神，将手头的工作一一做完，没想到，杂七杂八的情况又会时不时打断她，她总是穷于应付。临近下班，上司开始催问新交代的任务，这时，她才意识到这项工作只是起了一个头，就被埋没在其他工作及聊天、发呆和浏览网页中。上司的责怪，让她十分委屈，她觉得她要处理的事情太多了，而每次她提出来，都被上司认为是找借口，于是，更加严厉的训斥又在所难免。

看过这些情况，也许大家都已经知道了约瑟芬的问题所在。

其实，约瑟芬最大的问题就在于，她根本没有考虑过自己"做什么、怎么做"，没有好好地花点时间去做规划或者计划，或许她把每天早上早到的时间分出几分钟来做计划，那么，她的工作就会大为不同。有时候，花一分钟制订计划，可以为你省下 10 分钟的执行时间。

曾经有一位管理学家做过研究，他认为可以将人们的工作分为两种：一是消极式的工作，这种人往往采取"应付"的态度来对待工作，很多时候他们都在充当"救火队员"，忙而无功；另一种是积极式的工作，这种人会主动处理好自己的工作，并且会在做之前制订明确的计划，整个实施过程都以计划为蓝图，按部就班地完成手头的所有工作，从而高效、优质地完成所有工作。

可见，制订一份详细的工作计划对于每个人来说都十分重要。它可以让你明确工作目标，并且提前有针对性地找到解决问题的方法，这样一来，在实际工作中就不会蒙着头横冲直撞。有计划性地工作，可以让你站在全局的高度，统筹整体进度，也可以让你时时有事可做，又能避免事事做不完。

对此，心理学家布利斯也曾做过一个实验，他发现，人们行动之前进行头脑热身，构想要做之事的每一个细节，梳理心路，然后将它深深铭刻在脑子里，当行动时，便会得心应手。换言之，如果你在工作之前，肯花费一些时间为你的工作做一个事前计划，那么完成这项工作所用的时间就会大大减少。

有了计划工作量虽然不可能减少，工作依旧会紧张，但却变得不再凌乱，它会让你的工作呈现出一幅井然有序的画面，也会让你变得充实而有效率。计划对每个人来说都是必要的，如果你总是认为你没时间制订计划，那么你就注定与低效和杂乱为伍，最终无论你多么自认为努力，也只是努力在向失败迈进。

因此，从现在开始改变你的工作方式，留出时间做计划，你不仅会赢得工作的时间，而且不会再因为忙乱地工作而忽略了家人与朋友。正如有人说的："成功者时常做计划，成功者时常在为未来做规划。"不信你也试试看，也许你就会为自己的改变，以及获得的实实在在的成果惊得目瞪口呆。

## $2$. 定个可以实现的目标，你只管负责努力

拿破仑·希尔曾说："决不要低估目标的力量。当你养成制定、实现目标的习惯之后，会大为改变。从前成就平平，现在却能取得连自己也想不到的成绩。"

目标对于每个人来说都是必要的，在不长不短的一生中，谁都想成就一番自己的事业。不过，最终功成名就的仍旧是少数人，这时，不免有人会有这样的质疑："为什么我也努力了，却没能成功呢？"其实，很多时候你不是不努力，而是努力没有用到一个点上，你缺乏一个目标，一个能够让你一直不离不弃，无论遇到任何困难都能想办法克服的原动力。

人只有有了目标，才不会在纷繁复杂的现实中迷失方向。《西游记》中唐僧是一个手无缚鸡之力的和尚，但是他却最终能够摒弃万难求得真经，在这其中，不得不说他过人的毅力和耐力，当然最终让他坚持下去的更是心中那个"普度众生，把佛教发扬光大"的目标。

拿破仑·希尔曾说："决不要低估目标的力量。当你养成制定、实现目标的习惯之后，会大为改变。从前成就平平，现在却能取得连自己也想不到的成绩。"这就不难理解，为什么在现实中有的人能够为了成就事业而坚持，在商场上忘我地打拼；也有的人为了让儿女出

人头地而甘愿辛勤劳作，不惜起早贪黑做着最辛苦的简单工作。因为在他们眼中，无论目标是什么，也不管目标的大小，但只要目标存在，就足以在很大程度上支撑其前行。

因此，当你在工作中萌生放弃的念头时，是不是应该问一下："我为什么要坚持?"一旦知晓自己心底还有一个目标没有实现时，就会让你彻底清醒起来，让自己摆脱迷茫、困惑，目标会支撑你继续前行。反观那些成功的人，他们无不是因为有一个明确而清晰的目标，才能在努力奋斗的过程中既能保证工作效率，也能保证在前进的过程中不迷失方向。因此，要想人生事业有所成就，你不光要努力，更重要的是还要有一个正确的奋斗方向。

乔丹连同他的球技都成为一个经久不衰的传奇。不论是喜欢篮球的球迷，还是不怎么关注篮球的普通人，提到乔丹却无不赞赏有加。其实，乔丹高中时的篮球水平并不怎么样，也没有显示出超越常人的天赋，甚至校队曾一度想拒绝他的加入。他的教练在看过他打球后，语重心长地说："年轻人，去做其他你更擅长的吧! 篮球对于你实在不太适合，因为你无法改变你只有一米七的事实，也无法在短时间内让你的球技变得炉火纯青。"

显然教练是在替他着想。谁知，乔丹并未将这些放在心上，而是诚恳地对教练说："谢谢您的提醒，不过，我觉得这些问题似乎都不是阻碍我喜欢篮球的、不可逾越的障碍，因为我现在年龄还小，个子仍旧有长高的可能，而球技更不是问题，我可以练。"显然，教练被他的坚定打动了，入队后，乔丹从未忘记自己想成为"篮球巨人"的目标，他每天都苦练球技，并且尝试各种可以让自己长高的方法。

结果是什么呢? 乔丹成为"飞人"，一个划时代的伟大篮球运动员。一次，有记者好奇地问乔丹的父亲说："据我所知，您的家族中平均身高并不高，连达到一米八的人都几乎很少，为什么乔丹却有一米九八？"乔丹的父亲笑笑答道："的确如此，不过，我敢说肯定是乔丹坚定地想打好篮球的目标，才让他有机会长到一米九八的。"

的确，如果没有这个伟大而明确的目标，估计在高中时期乔丹就已经放弃打篮球这件事情了。也正是因为他始终将打好篮球这个目标放在心上，所以他无时无刻不在向着这个目标努力，这样才让他有机会创造出属于他的奇迹，也最终创造了他身高的传奇。

目标就是如此，能够让你相信一切都是有可能的，只要你愿意去坚定地信任它，它就会让你得到意想不到的收获。相反，之所以很多人做事会半途而废，大多数情况下并不是那件事情有多难，而是他自认为距离成功太遥远。因此，他们选择放弃，最终不是失败让他们畏惧，而是他们根本就缺乏坚持到最后的决心，以及心中无明确而具体的目标最终倦怠而失败。

正如世界顶级管理大师班尼士曾说："创造一个令下属追求的前景和目标，将它转化为大家的行为，并完成或达到所追求的前景和目标。"可见，目标是最好的激励手段，当你心中有目标时，它就会让你的行为更趋于积极和肯定，最终将你引向成功的彼岸。

犹如一位哲人在他的著作中写道："伟大的目标构成伟大的心灵，伟大的目标产生伟大的动力，伟大的目标形成伟大的人物。没有远大的目标会使人失去动力！没有具体的目标会使人失去信心！"

当然，有了目标还需要有行动来配合，否则再伟大的目标最终也会成为空想。那些成功的人，他们往往就是如此，不仅会树立目标，更会为实现目标而不懈努力、行动。

## *3.* 不要自我设限，你的能量超出你的想象

正如美国总统罗斯福所说："没有你的同意，没有人让你觉得你低人一等。"只要你敢想敢做，任何人都可以成为卓越人物。人生所能达到的高度，往往就是你在心理上为自己所设定的高度。

很多人在幼年时期都听过"井底之蛙"的故事，那只青蛙因为抬头只能看见井口大的天，所以它就认为天就是那么大。这样的认识像把枷锁无时不在束缚着它，让它不愿意也不敢逾越半步，甘愿守着那自认为是"无比大的一片天"而自得。

其实，每个人也是如此，总是会给自己设下这样、那样一些局限，总是认为自己是无法突破的、无法超越的，久而久之，当这些局限成为一种习惯，他们就会安于现状，安于自己为自己设定的命运模式。从某种意义上说，习惯于"自我设限"的人，就像拖着沉重的枷锁生活，每天都在扼杀自己的潜力和欲望！

无怪乎那些成功的人会说："人最大的敌人不是他人，而是你自己。突破自己，战胜局限，方能走向成功的彼岸。"事实上，不同的性格造就了不同的人生，倘若你想征服世界就要先征服你自己。突破自我，是你成功的第一步。越早迈出这一步，你就越早成功。不然，停滞下来，陪伴你的，只有失意和失败。如果你要的是成功和快乐，

那么就别再给自己上枷锁，突破你的极限对你的成功之路来说至关重要。

1920 年，美国田纳西州一个小镇上，有个小姑娘出生了。她的妈妈只给她取了个小名，叫丹妮。丹妮渐渐懂事后，发现自己与其他孩子不一样：她没有爸爸。她是私生女。人们明显地歧视她，小伙伴们都不跟她玩。

也就是从那时起，她就认为自己是个不受欢迎的人，她不敢去学校，不敢面对任何人。有一天，她生活的镇上来了一位牧师，她从其他人那里得知牧师为人非常和气。于是，她第一次有了一个奢侈的想法，她想像其他孩子一样，跟着妈妈去一次教堂听牧师布道。然而，她并没有那么做，她还是不敢迈出那一步，她每天只能远远地躲在一个角落，想象着教堂里发生的一切。

勇气来得也许并不突然，她经过很长时间的自我挣扎，终于决定去一次教堂，她偷偷溜进去，并且找了一个最不显眼的位置坐下。她终于听到牧师的声音，他说："成功和失败都不是最终结果，它只是人生过程的一个事件。因此，这个世界上不会有永恒成功的人，也没有永远失败的人。"这些话听起来好像专门是为她所讲的，丹妮的内心无比震撼，她沉浸在了那些话中不断地思索着，不过，一个声音告诉她，她必须马上离开，因为她害怕被散场的人们发现她。于是，没有听完全部的讲话她匆匆离开了教堂。

终于有一次，丹妮因为听得太入迷而忘记提前退场，当她想立即冲出去时，发现出口已经被众人阻挡，她只能随着人流慢慢地向前移动，她始终低着头，生怕被别人认出。突然，一只手搭在了她的肩上，她有些惶恐地抬头看去，原来是牧师，他温和地注视着她，并问道："你是谁家的孩子？"这个让她胆战心寒的问题一直困扰了她十几年，她不知道也不敢说出自己的身份，她能感觉到，当牧师这样问的时候，周围无数双鄙夷的眼睛正在刺向她，她一脸悲伤，双眼噙满泪水。牧师没有追问下去，而是慈祥地说："噢，我知道你是谁家的孩子——你是上帝的孩子。"

十几年来，压抑在丹妮内心的陈年冰封被瞬间融化……从此，丹妮变了……

在 40 岁那年，丹妮荣任田纳西州州长，之后，弃政从商，成为世界 500 强企业之一的公司总裁，成为全球赫赫有名的成功人物。67 岁时，她完成了回忆性自传《攀越巅峰》，在扉页上她这样写道："'过去不等于未来'的观念，要求我们用发展的眼光看待自己，看待成功。成功与目前的境况无关。过去的都过去了，关键是未来。过去决定了现在，而不能决定未来，只有现在的作为及选择才能决定我们的未来。"

大多数人在面对现实时，总会有这样的想法："不可能的，我都这么大年纪了，怎么能跑那么远；我学历那么低，公司怎么会雇用我；我长得不够漂亮，他怎么会喜欢我？"结果，因为"自我设限"，导致你身体内无穷的潜能和欲望被困死在了你的内心，所以你变得自卑、平庸，不值一提。就像当初的丹妮，失去所有尝试成功的勇气。如果她一直这样下去，那么，自然就不会有后来的成功。

西方有句谚语："每个人的心中都隐伏着一头雄狮。"换言之，只要你敢于突破自我限制，让心中的雄狮醒来，你就能够走向卓越，创造奇迹！科学研究表明，一位普通人只要发挥体内 50% 的潜能，就可以掌握 40 多种语言，可以背诵整部百科全书，可以获得 12 个博士学位。大多数人之所以没有取得任何成就，不是因为他们没有能力，而是一切皆是自己内心的自我设限与自我暗示而已。

可以做这样一个假设，如果有一天上帝告诉你，你肯定能赚1000万元，你就不会给自己制定只赚100万元的目标。正如美国总统罗斯福所说的："没有你的同意，没有人让你觉得你低人一等。"只要你敢想敢做，任何人都可以成为卓越人物。人生所能达到的高度，往往就是你在心理上为自己所设定的高度。

## 4. 即便是小事，你也需要用心去完成

古今中外，凡是想成就一番大事业的，无不是从简单的事情做起，从细微之处入手，当你能够将每个细节都做到最好，那么你距离成功就会越来越近。

在工作中，人们总是耽于一些小事而不去认真地完成它，他们认为自己天生就是做大事的人，没有理由也没有义务整天为些"鸡毛蒜皮"的事情而劳心劳神，总有一天，他会做出一件天大的事情让所有人刮目相看。真是这样吗？

当然不是，迄今为止还没有哪个人是一生下来就能做出惊天动地的大事的，也没有哪个人不需要做任何事情就能够直捣成功的。可以肯定的是，每一件小事都是成就大事的基石，如果一味梦想成大事而丢弃所谓的小事，那理想只能成为虚无缥缈的"空中楼阁"。

中国有句古语说："天下难事，必作于易；天下大事，必作于细。"虽然时过境迁，但是其价值越发的真切，对现实的指导意义更加强大。古今中外，凡是想成就一番大事业的，无不是从简单的事情做起，从细微之处入手，当你能够将每个细节都做到最好，那么你距离成功就会越来越近。

正所谓，简单的事情做好就是不简单，坚持把平凡的事情做好就

是不平凡。那些成功者，往往就是因为他们在平凡中做出了不平凡的坚持。

在大学几年里，宋毅学到了很多东西，对未来踌躇满志的他每天都在为将来的工作准备着。终于宋毅毕业了，并被分配到了一个学校当老师，不过，这个学校地处偏远，工作也少得可怜。想想曾经的宏图大志就让他觉得心有不甘，他几年间专业课程门门都很优秀，并且在写作方面也成绩突出，早就有一些文章发表在了国内一些知名报刊上。

看着昔日的一些不如自己的同学都有一份体面、轻松的工作，他更加愤懑了，整日抱怨命运不公。就这样，羡慕忌妒恨让他忘记了当初的大志，而甘愿平庸，他每天对工作没有任何兴趣和热情，就连写作也被他束之高阁。只是幻想着，什么时候能够有机会调换一个好的工作环境，拿到一份优厚的报酬。

很快，宋毅在学校待了整整三年，这三年来他的本职工作做得寡淡无味，写作也没有任何成绩可言。在这三年间，他也不止一次联系着自己中意的单位，只是别人并不中意他。

本想就这样得过且过地在这个偏远之地耗费完青春算了，最近发生的一件小事却改变了他的命运。

临近六一儿童节，学校打算举办一年一度的校运会，这在文化活动极其贫乏的小镇，无疑是件大事，因而前来观看的人特别多，小小的操场四周被里三层外三层的人们围得水泄不通。对这样的事情，宋毅向来不感冒，他从心里看不上这样的"小场面"。不过碍于自己是学校的老师，才不得不去现场露个脸。

因为来晚了，他只能站在人山人海之外，就算踮起脚尖也看不到里面的情景。当然，他也不在乎能不能看到。相反，一个小男孩的小举动却吸引了他的注意。他看上去个子很矮，为了看到里面的情况，他用一双稚嫩的小手不停地从远处搬着砖块，并耐心地将那些砖块摞到一起，直到形成一个半米多高的高台。小男孩没有因为累而不开心，反而他很快便爬到台子上面，不多时，他脸上洋溢出了成功的喜悦。

宋毅心里一怔，想想自己这三年真可笑，竟然不如一个孩子。其实，要想越过密密的人墙看到精彩的比赛，只要在脚下多垫些砖头。多么简单的道理，多么细小的举动，自恃受过高等教育的他却没有了悟。

从那之后，宋毅开始用心投入到工作之中，从每一件小事入手，比如用心编排教案，为学生精心选择课后练习题，小到活跃课堂气氛的一个小故事他都要精心挑选。很快，宋毅的付出有了成效，他所带的班级在期末考试中一举进入了前三名，他也成了远近闻名的教学能手，编辑的各类教材接连出版，各种令人羡慕的荣誉纷至沓来。

不仅如此，他开始重拾写作这个爱好，各种作品也是相继见诸报端。如今，宋毅被调到市里一所重点初中任教，并成为下一届语文教研室主任的不二人选。

很多时候，人往往把希望要做的事业，看得过于高远。其实最伟大的事业，只要从简单的工作入手，一步一个脚印地前进，才能达到事业的顶峰。不得不说，那些垫在脚底下的砖块，就如工作中的一件件小事，正是因为不停地累积，最终才让站在上面的人看到了渴望的风景。不积跬步无以至千里，说得也就是这个道理。每一个惊天动地的成就背后，无不包含着无数琐碎的小事，正是这一连串的小事才最终成就了一个人事业的高度。

　　因此，当你在工作中不得不日日重复做一些小事，不得不被那些小事搞得晕头转向时，千万不要抱怨也不要妄自菲薄。只有你足够努力，总有一天公司会看到你的价值，才能渐渐被委以重任和更多的工作。你要做的就是，把一天都当一个新的开始和一次学习的机会，并将每件小事都做到最好，这会使你在公司中更有价值。一旦有了晋升的机会，老板第一个就会想到你。

你的习惯是一切美好的开始

# 5. 主动去做需要做的事，你将会有意外的收获

身在职场的你必须牢记，老板对你的"终极期望"——主动去做非常需要做的事，而不必等待别人要求你去做，以及从自己的内心深处知道自己的本职工作应该怎样做。

很多人在工作中都是抱着这样一种想法，什么工作都是为老板干，平时不会主动多干一点，常常是闲着无事可干，当上司来询问他原因或者情况时，他就会不假思索地说："您安排的事情做完了，我没有偷懒。"看上去这样的员工也无可厚非，分内的工作倒也是做得又快又利索。那么，做到这样就行了吗？你的工作真的做到位了吗？

恐怕这些都是一个问题。

在每个公司里，听命行事固然很重要，但是主动、自觉似乎更为重要。卡耐基曾说："有两种人注定一事无成，一种是除非别人要他去做，否则绝不会主动做事的人；另外一种人则是即使别人要他做，他也做不好事情的人。那些不需要别人催促，就会主动去做应该做的事，而且不会半途而废的人必定成功，这种人懂得要求自己多努力一点多付出一点，而且比别人预期的还要多。"

因此，务必要养成主动、自觉的工作习惯。因为每个企业都希望自己的员工能够主动地工作，带着感恩的心态去面对工作。工作中，

那些只会做老板吩咐的事情的员工，那些需要老板逼迫做事的员工，都是不可能受到老板器重的。因此，身在职场的你必须牢记，老板对你的"终极期望"——主动去做非常需要做的事，而不必等待别人要求你去做，以及从自己的内心深处知道自己的本职工作应该怎样做。

这样，你在适当时候主动、自觉地工作，就会让老板对你刮目相看，并委以重任，让你获得比别人更多的回报。

刘鹏在一家房地产开发公司做事，有一次，在同学聚会时，他听到在政府工作的一个同学说，市政府有意向在市郊划出一块地皮，用来建经济适用房，以解决市内低收入者的住房困难问题。听到这一消息后，刘鹏突然脑子里一激灵，他开始多方求证这条信息的可靠性，并着手准备一些前期资料。他认为如果这个消息属实，一旦公布，市政府就会公开招标，到时将会有多家开发商去投标。如果自己的公司先做好准备，中标的胜算就会大大提高。

实际上，公司的魏总最近一直在犯愁，公司如今发展势头强劲，资金充裕，就是一时找不到好的项目。为此，他还专门开过会，动员大家一起集思广益，看有没有什么好的项目可以投资。当然，大多数员工只当是一句客套话，因为他们觉得老板什么时候也不会把这么重大的权力下放给员工，也不相信自己有那么大的能耐为公司弄来项目，做好自己本职的事情，无过便是功了。

然而，刘鹏却不这么认为，所以他听到那个消息后，便心里有了些眉目，他觉得虽然自己只是一名基层员工，但是既然享受着公司提供的福利待遇，就应该为公司着想。况且当年也是魏总给了他现在的工作机会，所以他觉得自己更应该主动地为公司工作。

看着刘鹏整日忙得团团转，身边的同事们却觉得他就是"傻"，万一弄不好让公司蒙受损失，到时候恐怕连现在的工作职位都保不住，现在找份工作多难啊！有些跟他关系不错的同事也少不了好言相劝："刘鹏，你干吗自讨苦吃呀？你现在做的这些事，老板可没吩咐你呀！再说，如果那个消息是假的，你岂不是白忙活一场？"刘鹏笑笑说："如果是真的呢，我现在做的这一切不就变得非常有价值了吗？更何况公司为我们提供这么好的工作机会，我们不应该感恩吗？不应该主动去工作吗？"

转眼间几个月过去了，电视新闻里正式播报了这条消息。很快，市里有实力的几家房地产开发公司都纷纷忙碌起来，准备投标工作。这时，刘鹏主动来到魏总的办公室，并把自己精心准备的投标材料悉数奉上。

魏总先是一惊，后又一喜，这下自己的公司肯定能够稳稳拿下这个项目。于是，他问刘鹏说："你不是市场部的吗？是谁让你这么做的？"

刘鹏说："没有人吩咐，但我认为主动并提前去做这些，能给公司带来帮助。在其他公司还在忙着收集资料时，我们就可以动手制作标书和筹备其他事情了，这样我们将会占尽先机。"

结果不出所料，刘鹏所在的公司一举中标。在庆功会上，魏总郑重地代表公司向刘鹏敬了一杯酒，并宣布他将接替即将退休的市场部经理的职务。

很多人不免会酸溜溜地说："只是刘鹏运气好，提前听到了这样好的消息罢了，我要是能够提前知道，我比他做得更好……"是吗？你真的能够保证你在听到那个消息时第一时间想到工作缺项目吗？

估计是难，因为你得先看看自己平日里对待工作是什么样的态度。刘鹏最终得到老板的重用，除了他为公司带来的这次极好的投资机会，更重要的是，老板发现了他身上存在着自动自发的工作态度。一旦这种主动、自觉成为习惯，在今后的工作中，他能为公司带来的就是更多的机会。

有位成功人士说："仅仅'喜爱'自己的公司和行业是远远不够的，必须每天的每一分钟都沉迷于此。"这样你才不会总把自己当作一个替老板打工的打工仔，在做事的时候才不会有想要逃避责任的想法，事实上，身处职场的你很多时候都没有弄清楚管理者和企业对自己的真正期望是什么，你以为忠实执行、做好分内的工作即可。然而，老板真正的期望是不要只做他交代的事，而是主动去做没有人吩咐但对公司有帮助、能让公司获得更大利益的事的人。

对于这样的人，老板永远不会吝啬。因此，总是抱怨老板抠门、斤斤计较的人，是否应该想想自己在工作中是否主动、自觉，有没有站在老板的立场，像老板一样去思考？

# 6. 合理分配时间，你要优先解决最重要的事

不懂得合理分配时间，你的人生将杂乱无章，看似忙碌却是空缺的。不仅如此，合理分配时间不等于平均分配时间，而是要把有限的时间集中在处理最重要的事情上，不可每样工作都抓，要有勇气并机智地拒绝不必要的事、次要的事。

法国哲学家布莱斯·巴斯卡说："把什么放在第一位，这是人们最难懂得的。"许多人真的被这句话说中了，他们完全不知道怎样把工作的任务和责任按重要性排列，他们以为工作本身就是成绩，其实是大错特错。

他们常常奔波于上班途中，或穿梭于公司各部门之间，或坐在电脑旁了解外面的行情，或处理一大堆文件、材料，或接听始终不安静的电话……忙碌而紧张的工作让他们根本没有时间去做更有价值的事情。久而久之，繁忙的工作，沉重的压力和责任让工作变得杂乱无章，毫无头绪。

实际上，争取时间，节约时间固然重要，但是合理地分配时间更重要。为此，美国麻省理工学院曾经做过一项调查，对象是 1000 名经理，结果发现，那些优秀的经理人，往往能够做到精于安排时间，使时间的浪费减少到最低限度。杰出的管理学家彼得·德鲁克也曾

这样说："认识你的时间是每个人只要肯做就能做到的，这是一个人走向成功的有效的自由之路。"

毕竟每个人的时间是有限的，如何在有限的时间内完成更多的事情，并取得更大的成功，这才是问题的所在。

芬妮很苦恼，最近工作忙得团团转，每天都加班到很晚，以致刚满1周岁的儿子居然都不让她抱抱。可是有什么办法呢？工作总不能不要，为了家庭和儿子的未来，她必须努力工作。

不过，芬妮觉得尽管这一年来她全力以赴，但上司及自己的手下对她的工作能力并不怎么认可，相反，上司总觉得她工作效率低下，与公司的业绩目标相去甚远，而下属则更是怨声载道，嫌她每天都要求大家加班，搞得大家身心疲惫。

芬妮也意识到了她的问题，其实很多时候她只是看起来很忙，很多重要的工作经常被一些琐事挤掉。"对，就是在时间分配方面出了问题"，芬妮心里盘算着。于是，芬妮决定重新梳理自己的工作和生活。

此后，芬妮开始规划自己的时间。她每天清晨7点准时来到办公室，先是默读15分钟经营管理哲学的书籍，然后便全神贯注地开始思考，本年度内不同阶段中必须完成的重要工作，以及所需采取的措施和必要的制度。

接着就是重点考虑一周的工作。她把本周内所要做的几件事情，一一列在自己的笔记本上。大约在8点钟左右，她在餐厅与助理共进早餐，把这些考虑好的事情与其讨论一番，然后作出决定，由助理具体操办。通过这样的时间管理法，芬妮极大地提高了工作效率，终于，她部门的绩效有了明显的长进，这引起了公司高层管理者的重视和赞扬。

实际上，每个人都希望把工作做到最好，然而往往事与愿违，这是为什么呢？多半是因为没有掌握做事的方法。不懂得合理分配时间，你的人生将杂乱无章，看似忙碌却是空缺的。不仅如此，合理分配时间不等于平均分配时间，而是要把有限的时间集中在处理最重要的事情上，不可每样工作都抓，要有勇气并机智地拒绝不必要的事、次要的事。一件事情来了，首先要问："这件事情值不值得做？"绝不可遇到事情就做，更不能因为反正做了事，没有偷懒而心安理得。

所谓"好钢要用在刀刃上"，一定要把较多的时间花在重要的事情上，事业和家庭皆应如此。关于这一点，有这样一个故事。

在一次 MBA 培训课堂上，管理学教授正在为大家讲解时间管理方面的内容。讲到中途，他拿出一个广口瓶放在讲桌上，又拿出一块与瓶口相当的大石头，然后，他将这块石头小心翼翼地放入玻璃瓶。放完后，他问："瓶子满了吗？"

"满了。"所有人应道。

"确实满了？"教授反问。

紧接着，他又拿出一桶砾石，倒了一些进去，并敲击玻璃瓶壁，使砾石填满余下的间隙。

"现在瓶子满了吗？"教授再次问道。

"可能还没满。"台下一位企业家小心翼翼地答道。

"很好。"教授说。然后，拿出一桶细沙，开始慢慢倒进玻璃瓶。沙子填满了石块和砾石之间的所有间隙。

"瓶子满了吗？"教授又一次问大家。

"没满。"大家异口同声地答道。

"好极了。"只见教授拿过一壶水倒进玻璃瓶，直到水面与瓶口持平。然后，他看着所有人说："这个实验说明了什么？"

"无论我们的工作再忙，行程排得再满，如果安排得当的话，还是可以多做些事的，"一位学员急切地答道，并且他补充说："这是我们正在学习时间管理的内容啊！"教授听完后，微微点头，并笑着说："说得很对，不过，这并不是我要告诉你们的重要信息。"

教授一脸严肃地说："其实，真正的答案是这样的，如果你不先将大的石块放进瓶子里去，你也许以后永远没机会把它再放进去了。大家仔细想想，在过去的工作和生活中，什么才是你生命中的大石块？是和家人共进晚餐，是升职，加薪，能力提升，帮助你的部门提升业绩，还是将自己的工作做到极致？无论是什么，都请在今后的工作中常常问一下自己，这样，你才能知道把更多的时间应该花在哪里？"

趁自己还年轻，精力也还充沛，抓紧时间先去处理些"大石块"，否则，这一生你都达不到别人的高度。同样，在工作中分不清轻重缓急，做事就没有计划性，这样就容易让你错过大好的机会。这就是为什么许多人都在勤勤恳恳地做事，但结果却不尽如人意。因为他们缺乏洞悉事物轻重缓急的能力，做起事来毫无头绪。因此，你要养成合理分配时间的好习惯，科学地取舍能够帮助你把事情做得更好。

实际上，大凡那些工作或者事业上出类拔萃的人，都懂得"将最充沛的精力用在最重要的事情上"的道理。正如一位大型企业的高管陈先生所说的："如果说要去买苹果，那可能我并不如家里的保姆。既然可以找到那个为我买苹果的人，为什么我还要浪费那么多时间去买苹果，而不去做我自己更专业的事，从而创造更高的价值呢?"

想必这句话的深意对于正处在"百忙之中"的你来说，意义非凡吧!

# 7. 只有懂得休息，才能更好地工作

养成会休息的习惯，对于提高工作效率有莫大的助益，也是告别"工作狂"的重要观念。

工作对于每个人来说都是必要且重要的，但是也不能不顾健康拼命工作，所谓"皮之不存，毛将焉附"，更直观的表达就是，健康是"1"，其他所有成就都是"0"，一旦健康没有了，后面再多"0"又有何用？

阿罗毕业于某知名大学，毕业后顺利做了一名记者，在同学中他是幸运的，不仅有份年资不低的工作，而且职业也受人尊敬。不过，这份工作真正做起来并不像外人想的那么轻松，阿罗每天都匆匆忙忙，采访、出差、赶稿，不是在车上就是在电脑旁，或在新闻现场。因为工作的特殊性，很难有规律的饮食和作息，长时间紧张、繁忙的工作让他感觉身心俱疲。

最近，阿罗总觉得很累，之前几乎很少有头疼脑热的他得了一次重感冒，体温一直高到 39 度，卧床休息几天才有所好转。要在以前，基本上连药也不用吃就能扛过去，显然现在他的身体状况不是很好，抵抗力越来越差了。

不仅如此，来自各方面的压力，又让阿罗内心倍感焦虑。这不，最近又看到有一位国际新闻同行因为劳累过度而失去了生命，他就是芝加哥电视台著名的体育电视主播达雷尔·霍克斯，当时他被发现死在了亚特兰大一家宾馆房间内……这对于每天都要工作到凌晨，出差采访就是家常便饭的阿罗心生恐惧，真不知道自己哪天是不是也会悄无声息地倒下去。

随着现代生活和工作节奏不断加快，很多人都面临着前所未有的生存和竞争压力，这让每个人都不得不拼命工作。这似乎是一个不可破解的难题，因为很多时候你不努力，很可能就会被那些比你努力的人所代替。

一个不争的事实是，不论是中国还是国外，"工作狂"的人数都在不断飙升。有人曾经做过一个统计：在过去的 10 年里，日本增加了 7 成，美国的工作狂增加了 5 成，中国也增加了至少 4 成。很多身在职场中的人都在抱怨，自己从早到晚忙得不可开交，抱怨归抱怨，终究还是不敢放松半点，因为他们又被现实的巨浪推向了忙碌的顶端。

难道真的要这么忙，才能过上自己想要的生活吗？难道为了达到自己心目中的目标，就可以不顾健康肆意透支自己的身体？在工作与健康之间其实还是有一个平衡点的，只要你能够认真对待这一切，就总会有一个解决的办法。

事实上，会休息的人，才更懂得如何工作。

下面这是一个故事，也是一个实验。

管理大师泰勒在贝德汉钢铁公司担任过工程师一职，在他任职期间，他非常注重工作效率的提升，而他所提倡的科学管理的理论，也无不是围绕谋求最高劳动生产率来展开的。

当时，他所在的车间，工人们每天要将大约 12.5 吨的生铁搬运到货车上，但是，几乎每个人在将工作做到中午时就已经精疲力竭，到了下午开始工作后，这种状况都得不到太好的改变。

为了提高搬运效率，并且让工人们降低疲劳感，泰勒做了一项专门的实验。他选择了一名叫施密特的工人作为实验对象，每天他亲自安排这名工人的工作和休息时间，他通常的工作频率安排是这样的："现在开始工作，搬生铁，走……现在坐下来休息……现在开始工作，搬生铁，走……现在坐下来休息……"

按照这个频率来计算，施密特每小时用来工作的时间只有 26 分钟，而休息时间却长达 34 分钟。为了让实验更有说服力，泰勒将这项实验整整进行了 3 年。最后的结果令所有人都大吃一惊，虽然施密特每天有超过一半的时间在休息，但是他的工作效率却丝毫没有受损，相反，他每天能搬运 47 吨生铁，几乎是其他工人搬运量的 4 倍。

泰勒解释说，之所以施密特能够有这样的工作效率，是因为他在疲劳之前就已经休息了。换言之，他在每个工作的时间都是充满体力的，这让他工作起来干劲十足。

虽然这是个古老的实验，但是谁也无法否认他的科学性，因为泰勒的科学管理思想迄今都有着深远的影响。这一再说明一个道理，只有懂得休息，才能更好地工作。这个观点已经被越来越多的人所接受，而且很多优秀的人也已经做出了良好的示范。

比如，中国香港著名设计师邓达智先生就说："我每年总有两三个月关掉手机，什么生意也不管，去世界各地旅行。"而另一位知名英语学校创办人罗伯特先生也表示，他的时间表是下午和前半夜工作，后半夜和上午睡觉……

无论安排和习惯是怎样的不同，但是他们的共同之处就是会休息。休息是一个含义十分广泛的词语，它不能简单地被理解为吃饭、睡觉、KTV，它实质上是消除疲劳，放松神经，当你重新投入工作与学习的时候觉得又是一个精力充沛的新人。正如卢梭所说："我本不是一个生来适于研究学问的人，因为我用功的时间稍长一些就感到疲倦，甚至我不能一连半小时集中精力于一个问题上。但是，我连续研究几个不同的问题，即使是不间断，我也能够轻松愉快地一个一个地寻思下去，这一个问题可以消除另一个问题所带来的疲劳，用不着休息一下脑筋。于是，我就在我的治学中充分利用我所发现的这一特点，对一些问题交替进行研究。这样，即使我整天用功也不觉得疲倦了。"

因此，养成会休息的习惯，对于提高工作效率有莫大的助益，也是告别"工作狂"的重要观念。

## 8. 不找任何借口，成功就会离你越来越近

你要养成永远不找借口的习惯，这样你才能在工作中学会大量地解决问题的技巧。也是因为这样，借口也会离你越来越远，而成功就会离你越来越近。

借口之于每个人就像维尼熊抓到了蜂蜜罐，让人甜蜜得一而再、再而三地想去重复。工作做不好不愿意去找出存在的问题和原因，而是更愿意抬出各种各样的借口来把自己"择得"干干净净，做不好、做不对都不是你的错，错的是那些让你没法做、没法做好的人和事。

也正因为每次工作失误或者错误，都有无数个理由来让自己免于受罚，所以你总是心存侥幸，工作没有长进。借口就是给自己留了一条后路，不把自己逼入绝境，怎么会明白"绝处逢生"的真谛？

陈州是个苦孩子，如果他每次都把自己的苦难当作借口，那么，他也许还是那个别人眼中的小乞丐。

13岁之前的他是不幸的，生下来就没有双亲的疼爱，生活贫困无法像其他孩子一样去上学。然而，一场意外将他推入了人生更加绝望的境地，他被截去了双腿，他只好做了一名乞丐。在繁华的街头，孤独地忍受着来自命运和各种人的冷嘲热讽，在那个年龄，他显然还不知道什么是梦想，也从未敢去幻想自己的未来，但是他却知道，只

有活着才是幸福的。

就这样，在乞讨的路上，靠双手行走着。到了 18 岁，他终于知道，自己不能再这样活下去，虽然他有百分之百的借口让自己不去站立，但是他也要试着让灵魂"站立"，因为他觉得站立并不是一种行走的姿势，更是一种人生的态度。

于是，他决定学习一技之长来养活自己，而不是靠伸手、靠同情获取"嗟来之食"。在权衡了自己的所有条件和资源，他觉得唱歌是他的一个生存技能。虽然不懂乐谱、不懂乐理，但是靠着努力和勤奋，他终于成为一名出色的"流浪歌手"，他用歌声养活自己，也带给别人幸福。凭借着这个"技能"，他走过了全国 700 多个城市。

你还在以你学历不够高，工作不够体面为借口，不努力工作吗？

当大多数人以体力不足、没有时间等作为没有爬过山的借口时，陈州却凭借两只手前行，登上了全国 90 多座高山，光泰山就爬了 13 次。2012 年，他靠双手登上了海拔总和为 8498 米的中国五岳，成为全球"双手登五岳"第一人。

当很多男青年沮丧地说自己没车、没房，难以娶到好姑娘时，陈州却凭借着自己的坚强、善良和不放弃，赢得了漂亮的姑娘和浪漫的爱情，彼时他一样没车、没房，甚至没有腿。而你，至少在这方面拥有着绝对优势。

现在，陈州不仅拥有了幸福的家庭，而且还过上了自己想要的生活。不过，他却没有只顾自己幸福下去，而是用自己的力量来影响更多人，给予很多人帮助。当汶川地震发生后，他骑着三轮车，行驶了八天八夜赶到地震灾区，为灾区义演 37 场，捐了自己仅有的 3.5 万元存款。从 2003 年至今，他已经为希望小学、网瘾少年进行励志演讲、演唱100多场，捐出善款50多万元。

当有人问他，流浪的日子这么辛苦，你哪来那么多爱心？他说："在我乞讨的日子，如果没有那么多好心人给我饭吃，我早就饿死了。"

看完陈州的故事，你是不是觉得连多说一句话都是借口？当你觉得自己的鞋子不够漂亮时，是否会想到，有人甚至连脚都没有？当你以各种借口来为自己不能做好工作开脱时，是否会想到，有人根本没机会上学，却照样唱出了优美的旋律？人生就怕找借口，躲在借口的"温床"里，虽然保险、舒适，却无法让自己接受来自人生的各种挑战，这样成功离你只会越来越遥远。

因此，你要养成永远不找借口的习惯，这样你才能在工作中学会大量地解决问题的技巧。也是因为这样，借口也会离你越来越远，而成功就会离你越来越近。无论今夕还是何夕，机会总是会留给这些人的，他们不为失败找借口，只为成功找方法，他们最能知晓完成任务的技巧和艺术，也能把事情做得最好。

胡文俊做SOHO的副总，估计都没有当时《幸存者的游戏——52周赚100万》的作者名气更大。不过，名声是一回事，做事是另外一回事，如何能在如此之多的竞争者中幸存下来，并且52周，也就是不到一年的时间里赚到100万，那才是他真正威名远播的关键。

他的故事始终围绕着这样一句话，"不找借口找方法，胜任才是硬道理"。这是他应聘到SOHO时潘石屹对他说的一句话。当时，他是一个只有初中文凭的"四川伢子"，1997年7月，他被公司录取时，待遇只是300元底薪，不包吃住，工作内容就是发传单。

不过，他并没有嫌弃这份工作，而是干得非常起劲。每天早上6

点就出门，晚上 12 点仍旧拿着传单在大街上转悠。3 个月之后，他的工作成绩突出，发出去的单子最多，反馈的信息也最多，却没做成一单生意。不过，他并没有放弃，而是用那句"不找借口找方法，胜任才是硬道理"来提醒和激励自己。

在接下来的工作中，凭借着不找借口的态度，他一路从发单员走到了业务员，从业务员变为金牌业务员，又从金牌业务员晋升为销售副总监。眼看人生就要迎来辉煌，不想却"咯噔"一下摔了个粉碎。因为公司规定，如果团队业绩达不到要求，总监就要下课，从业务员再做起。胡文俊当然也不例外，于是，刚在副总监位子上坐了几天，便被撤了。很多人因为"丢不起这个人"，在被撤之后选择辞职，而胡文俊却没有这样做，他没有拿"面子"当借口，而是深挖自己的"里子"，因为他觉得自己被淘汰，还是能力不够，他需要继续提高自己。

于是，他又成了一名业务员，并调整好心态，比以前更加努力地工作。付出就有回报，2003 年底，他的业绩又名列全公司第一，再次竞选当上销售副总监。再次归来，他就不打算再被撤，因为他已经懂得如何将这个位置坐好、坐牢的方法，他精心培训手下员工，将自己的经验毫无保留地传授给他们，并说："只有大家都好了，我的境遇才会更好。"

结果都知道了，他所带团队的业绩一直名列前茅，他的收入每年都在 100 万元。

扒一扒现在人在工作中的表现就可以知道，一部分属于努力挑战困难，解决问题的人，另一部分则是善于找各种借口为自己的失职辩解的人。事实证明，前一部分人更容易获得成功，如陈州、胡文俊等，而后者则平庸无为，如身边的张三、李四等，别人记住他的除了无能，就是借口。

西点军校在世界范围内闻名遐迩，很多时候确实凭借着学员在遇到军官的问话时作答的四句话——"是""不是""我不知道""没有任何借口"。除此之外，不能多说一个字。正如有人所说的："如果你一开始就不找任何借口、尽力完成自己的事，那么总有一天，你能随心所欲地从事自己想要做的事。"

# *9.* 勇于承担责任，你才能在磨炼中得到成长

你对工作的态度，决定了你对人生的态度，想实现人生价值，就要尊重你的工作，并且在工作中勇敢地去承担责任，这才是对人生负责的态度。往往那些不愿意负责任的人，不仅会丧失人们对他的信任，还会因为百般抵赖和辩解而让人反感，甚至让他失去改变命运的机会。

每个人在很小的时候便懂得逃避责任，比如，小的时候不小心把母亲心爱的花瓶打碎，就会想尽各种办法来力证自己的"清白"。其实，不只是小孩，成年人也一样，因为人天性中就对承认错误和担负责任怀有恐惧感。因为一旦承认了自己的错误，担负起责任，就意味着要受到应有的惩罚。

那么，承担责任果然就那么令人恐惧吗？看看下面这个故事，你可能就会有所领悟。

有一次，父亲带着年幼的女儿去朋友家做客，他们受到了主人热情的招待。主人在把他们父女二人安排妥当后，便钻到厨房去忙着准备午饭。而父亲则趁着这个机会带着女儿四处参观朋友的豪宅。

正当父女二人回到沙发边，打算落座时，突然听到"啪"的一声巨响，两人回头一看，原来是放在阳台的一只精美的花瓶碎了。

主人闻声从厨房急忙出来，并连声说道："不要紧，不要紧，千万不要责怪孩子。"父亲稍微顿了一下，立即说："真不好意思，是我不小心碰倒了。"双方一顿互相劝慰后，午饭也端上了桌子，大家愉快地用完午餐后，父女俩便与主人告别。

走到回家的路上，女儿就问父亲说："明明不是你碰的，你为什么要认错呢？"父亲笑着说："生活中，有时候需要勇气承担责任，而不是为自己辩解，人们更愿意宽容一个认错的人，而据理力争是不会有什么好处的。"

无论是在工作中还是生活中，认一个错其实真的没有那么难，承担责任也不是那么恐怖的事情。相反，勇于承担责任定会让人们更加相信你，拥护你。因为，只有有责任感的人才能成为擎起世界的人。可以说，你对工作的态度，决定了你对人生的态度，想实现人生价值，就要尊重你的工作，并且在工作中勇敢地去承担责任，这才是对人生负责的态度。往往那些不愿意负责任的人，不仅会丧失人们对他的信任，还会因为百般抵赖和辩解而让人反感，甚至让他失去改变命运的机会。

谁都想在事情顺利进展时领功，而不愿意在事情出现差错时负责。有的人甚至在事情出现问题时，首先考虑的不是自身的原因，而是把问题归罪于外界或者他人，总是寻找各种各样的理由和借口来为自己开脱。比如，工作不能按时完成，那么一定是上司管理无方、相关部门不配合；销售任务完不成，一定是客户太挑剔……

其实，领导不是傻子，他们心里自然有答案，根本不会被你所找的那些借口和理由蒙蔽，他们更希望看到的，是一个能够在事情出现后主动承担责任的员工。即便是他给公司造成了一定的损失，他们也会给他们改正的机会，因为他们坚信，一个敢于承担责任的人，必定是个负责的人，他也必然会从内心希望改正自己犯下的错，知错而后能改，这也是一个人不断进步的重要标志。

美国总统亚伯拉罕·林肯曾说："逃避责任，难辞其咎。"只有对自己的行为负责、主动承认错误，以负责的态度弥补过失，对公司和老板负责、对客户负责，这才是老板喜欢的员工。也只有这样的员工，才能在公司中有所发展，为老板所器重。

无论是个人，还是一个团队，甚至一个企业，解决问题首先得从负责任的角度出发。在问题面前、困难面前、错误面前，勇于承担起责任，不去寻找借口，这样的你，才有走向成功的机会。

# 10. 当感恩成为习惯，你就能赢得更多成功机会

忠诚和感恩更像是一种知足常乐的心态，一种愿意主动付出的动机，而在这种心态和动机指引下的行为，必将会产生一个令你受益匪浅的结果。

经常能看见正在咿呀学语的小孩跟妈妈一个劲儿地说"谢谢"，也许他当时并不懂得这两个字的真实含义，但是让看到他们举动的大人们不得不去思考一下，自己有多久没有跟自己的父母说"谢谢"了。当然，这两个字深刻的含义则是感恩的心态和习惯。

曾经看到过这样一个故事，一位总统问一位年过104岁的老奶奶长寿的秘诀时，老奶奶回答说，一是要幽默，二是学会感谢。她说："我从25岁结婚起，每天说得最多的两个字就是'谢谢'。我感谢丈夫、感谢父母、感谢儿女、感谢邻居、感谢大自然给予我的种种关怀和体贴，感谢每一个祥和、温暖、快乐的日子。别人每对我说一句亲切的话语，每为我做一件平凡的小事，每送我一张问候的笑脸，我都忘不了说声'谢谢'。80年过去了，是'谢谢'二字使我快乐长大，使我幸福长久，使我生命长久。"

其实，老奶奶的故事是在提醒我们，无论何时，都要常怀一颗感恩之心。将这种感恩带到工作中，你同样会使自己受益匪浅。

你的习惯是一切美好的开始

Lucas："最近公司的业务不错，可是我的奖金却越来越少了。"

Linda："是啊，我也一样。"

Lucas："我去问过主管，她说这是老板的意思，说是要降低提成比例。"

Linda："是吗？我怎么没有听说，不过，如果是真的，下午的例会上肯定会宣布。"

Lucas："你是公司的元老，听说公司刚起步时，你就在这里了，他们这样对你实在是说不过去？"

Linda："呵呵，是吗？"

Lucas："当然了，你每个月的业务量都是我们内训部的一半呢！如果这次老板真要降低提成比例，我就打算跳槽，反正有一家同行公司早就想让我过去。你呢？你怎么打算？"

Linda："我？应该会留下。"

下午，公司的例会照常召开，每个人都各怀心思，但是谁也没有多说一句。不久，老板走进了会议室，坐定后，先是一席例行讲话，突然，他的表情严肃起来，就听他说："首先，我代表公司对大家表示歉意，因为从这个月起我决定每个员工以及管理人员的薪资都将下调 10%，另外，业务部门的提成比例也将由原来的 10% 下调到8%，具体执行由人力资源部负责，关于其中细节有不清楚之处请各位会后去人力资源部进行咨询。其次，我需要重点解释一下关于这次降薪的原因，主要是因为公司现在要上一个大项目，目前受到国际原材料价格的上涨，实际投入已经大大超过预算，所以公司的资金出现了暂时性的困难。最后，我代表公司感谢大家，希望各位能够予以理解，并给予支持，我相信，这些都是暂时性的。"

会后，Lucas 来到 Linda 的办公室，对她说："我决定要走了，其实，那家公司也非常希望你能加入，待遇要远远高于你现在所拿到的。你愿意过去吗？"

思考片刻后，Linda 说："谢谢你为我考虑，我还是决定留下来。三年前，我大学刚毕业因为没有经验，找工作四处碰壁，最后是李总（公司老板）给了我机会，并且在这几年里教了我不少东西，让我从一个连与人交谈都脸红的大学生，变成了一个业务骨干，我想现在应该和公司一起渡过难关，并且我认为公司在这个行业里还是比较有实力的。"

说完两个人相视一笑，互相道别。

一个月后 Lucas 正式离开了公司，而 Linda 则依旧兢兢业业地工作着。

一年后，公司的项目建成，而且市场前景一片光明，Linda 的职业生涯也发生了改变，李总任命她为新项目的销售主管。

在现实中，很多人常常会这样认为，天下的老板不止一个，正所谓"此处不留爷，自有留爷处"；我有天赋又足够勤奋，是名副其实的千里马，根本不愁遇不到伯乐；老板给我的待遇是最好的吗？我认为在这个问题上没有最好，只有更好……

似乎这些都很有道理，可是仔细一推敲就会发现：天下老板是很多，但是没有哪个老板会喜欢一个只知道索取而不想付出的员工？也没有哪个企业会将重任交给一个频繁跳槽的员工？忠诚和感恩并不是要对公司或者老板死心塌地、感恩戴德，唯老板之言是从，而是要求员工把自己的切身利益与企业发展紧密联系在一起，把企业当作自己的家，把工作当作人生的理想和追求，将感恩之情化作强烈的社会责任，把忠诚企业、热爱企业、效力企业、回报企业、奉献社会作为内在动力，落实在具体行动上，带着一颗"感恩的心"，脚踏实地地做好本职工作，用汗水和智慧、劳动成果和工作业绩实现自己的理想和人生价值。

在这里，忠诚和感恩更像是一种知足常乐的心态，一种愿意主动付出的动机，而在这种心态和动机指引下的行为，必将会产生一个令你受益匪浅的结果。正如安迪·葛洛夫曾对员工们所说的："不管你在哪里工作，不管什么时候，做好你的工作，认真和老板合作，最终受益的总是你自己。"

# 第五章

## 与人合作，你能成就更好的自己

王杰说，一堆沙子是松散的，可是它和水泥、石子、水混合后，比花岗岩还坚韧。

# 1. 你要多站在"我们"的角度想一想

我们要重视合作，要改变自己的立场，不要将"我"与"他们"划分得泾渭分明，而应该将"我"和"他们"合二为一，变成"我们"。

在原始社会，人们过着群居式的生活。由于自然条件恶劣，人们经常不可避免地要面对洪水猛兽。然而，由于人们群居在一起，即使是洪水猛兽，对他们也"束手无策"。人们能够战胜洪水猛兽，凭借的并不是野蛮，他们的野蛮在洪水猛兽面前是微不足道的，他们凭借的是合作。正是因为彼此合作，让他们聚沙成塔般结成了一股强大的可以与洪水猛兽对抗的力量。

在科技文明发达至此的现在，我们很多人却忽视了合作这种最为古老的人们赖以生存和发展的关系的构建，在大多数时候的立场是极为分明的，即自己的立场是"我"，除了自己以外的人则为"他们"。在这种情况下，我们往往不可避免地自食苦果。

一位天才般的电影学院的高才生得到了上帝的青睐，让他刚毕业就得到了一次执导电影的机会。在电影拍摄之初，这位高才生对于这次拍摄的体验充满着许多美好的幻想，对于所拍摄的电影更寄予极大的希望，以至于认为这将是影响他一生发展的重大作品。然而，现实却是"骨感"的，在最后一根稻草掉下来时，他所有的幻想和希望已经变成了一头被压得要死的骆驼。

这根稻草就是他与工作伙伴，或者说是他下属们之间爆发的一次矛盾。注意，不是与某一个下属，而是下属们。

这天，不仅是这位高才生，所有工作人员都在忙碌着。当摄像组准备就位时，道具组的工作人员跑来对高才生说："导演，我们的木棍不够用，我去买吧。这儿我熟，一会儿就能回来，绝不会耽误拍摄。"他用期盼的眼神看着高才生，准备转身起跑，去买道具木棍。高才生却对他说道："你先去把现有的道具准备好，木棍我一会儿去买，你不知道买什么样的才合适。"这位工作人员欲说还休，只好说："好吧"，就离开了。

非电影工作者很难想象电影拍摄现场的忙碌，拍电影绝不像电影一样浪漫、多姿多彩，而充满着让人难以想象的艰辛。高才生刚坐到导演椅上，准备喝一口水，就看到录音组的一名工作人员失魂落魄般地寻找着什么，并呼喊着其他几名录音组同事的名字。高才生眉头一皱，叫住了他："你叫他们做什么？"

这名工作人员说道："我在找音乐带子。"

高才生摇摇手阻止他继续说下去道："你去忙别的事吧，带子我一会儿自己去拿，这儿没有谁比我更清楚东西放在哪儿了。"

这名工作人员一愣，像刚才道具组的那名工作人员一样，什么话也没说就走开了。

万事俱备，只欠东风。高才生将一切安排妥当后，电影的拍摄开始了。

演员们卖力地演着，台词说得一字不漏，高才生很满意。忽然，一名演员像是做小动作般招了招手，高才生很生气，立即喊停。他从导演椅上站起来，不满地向这名演员问道："什么情况？"

这句话像是世界上最烈的酒，浇在了这名演员已经燃烧的怒火上，他立即反击道："什么情况？我的木棍呢？"他指着一堆杂物，却面对着高才生问道："不是说这儿会有一根木棍是给我用的吗？"

高才生一怔，这才意识到他忘了买木棍道具。其实他不止忘了买木棍，音乐带他也忘记找了。想到这一点，他不自觉地看了看录音组的工作人员，他们好像都有意无意地看着高才生。高才生满脸滚烫，不知道该如何处理眼前的情况，他想让演员和其他工作人员们先休息，自己去买木棍、找录音带，却怎么也开不了口。

不知道是谁说了一句："这个不让我们做，那个不让我们做，全都你来做。我们走，留下来也没用。"高才生循声望去，却没看到他的脸，只看到他的背影，他想去阻止，却看到了更多的背影。一时间人声嘈杂，怨声四起，"难道我们在他眼里就那么无能？""芝麻点大的事他都要自己来做，真不知道他是自大还是白痴！"原来，类似的事情已经不止发生一次了。

高才生已经控制不住局面，方才还是人头攒动的拍摄现场，此刻却人丁凋落，仿佛已经进入了凋敝萧瑟的深秋。

拍电影是一项艰辛的工作，更是一项需要通力合作的工作，需要各部门之间的相互配合。通力合作，是一部电影顺利拍摄的基本保证。故事中，道具组和录音组工作人员对高才生的反应，拍摄现场冲突的爆发，工作人员的怨声载道和愤怒离场，电影拍摄中半途而废，皆是因为高才生忽视了合作，他总是站在"我"的立场，并没有意识到与所有的工作人员是"我们"的一体关系，没给机会让他们发挥应有的作用。

　　其实，何止是拍摄一部电影需要各部门间的相互合作，做任何工作都需要彼此间的相互合作，夫妻之间也要同心同德，才能和谐共处、家业兴旺。因此，我们要重视合作，要改变自己的立场，不要将"我"与"他们"划分得泾渭分明，而应该将"我"和"他们"合二为一，变成"我们"。叔本华说：单个的人是软弱无力的，就像漂流的鲁滨孙一样，只有同别人在一起，他才能完成许多事业。当我们能带着"我们"的态度与别人合作，尽管我们不必像鲁滨孙那样历经传奇，但要完成许多事业则会轻松得多。

# *2.* 找个最佳合作方式，让别人来做你想做的事

有人觉得与别人合作很难，其实难的并非合作，而是难在没有找到最佳的合作方式。只要能找到最佳合作方式，顺利合作是水到渠成的事。

在我国古老的神话传说中，月老是主宰姻缘的神仙，他将一条红绳系在一对男女身上，这对男女之间的姻缘就被注定了。这段红绳就是维系一份姻缘的纽带，红绳断则缘分尽，红绳不断则缘分久远。

在可能建立合作关系的双方或多方中，也有一条类似月老红绳的纽带决定着合作关系能否建立以及合作关系能否长期维持，这条"月老红绳"的名字叫作合作方式。

合作不是一厢情愿的事，需要建立完善的合作方式，这是建立合作的先决条件。如果一个人只是一厢情愿地以合作为名，找别人来做自己想做的事，而没有明确地制定合作方式，他的这种做法不是合作，而叫抢劫。

人们之所以会与他人合作，是因为想要借助他人之力达成某一目标，实现某一理想，不论这个目标或理想是卑微的还是伟大的。因此，找别人合作带有鲜明的目的性。将心比心，我们是不是也是如此？这正是建立完善的合作方式的原因，因为它是确保合作双方都能

达成某一目标、实现某一理想的保证。合作方式越是完善，越是能保证合作双方的权益，也越能激励合作关系的建立以及让合作发挥更大的效用。

由此可见，当我们需要一个伙伴与之合作时，就必须找到一个最能保证双方权益的合作方式，我们可以称之为最佳合作方式。

卡内基是举世闻名的钢铁大王，事实上他还是一个最有办法找到伙伴的"合作大师"。我们来看看在他身上发生的一些事。

少年时期，卡内基抓住了一只兔子。这是一只母兔子，在成为卡内基的宠物不久，便为卡内基带来了一窝小兔子。卡内基非常高兴，但随后也开始苦恼，因为他没办法照顾一窝兔子。于是，他开始动脑筋，想到了一个办法，就是找来邻近的一些孩子对他们说：如果你们有兴趣找来一些食物喂养这些兔子，那么我愿意用你们的名字来为这些兔子命名。

这些孩子们认为这是一件非常简单而且有趣的事情，尤其是用他们的名字来为兔子命名让他们感到满足，这在他们看来，无异于表明他们是这些兔子的主人，而这些兔子是他们饲养的宠物。所以，他们愉快地答应了，卡内基也因此解决了饲养兔子的问题。

成年之后，卡内基又用了类似的一招。当时，卡内基所经营的中央交通公司正和另一名企业大亨乔治·普尔门旗下的公司进行着激烈的竞争。他们花样百出，但却相持不下。在这种情况下，不知道是谁率先使出了降价的狠招，导致双方都以不断降价作为竞争的筹码向对方施压。经过一段时间的较量之后，双方都损失惨重，双方都成了竞争中的输家。在这种局面下，卡内基想到了合作，并认为只有双方合作才是这场竞争最好的结局。

经过详细地计划之后，卡内基找到了普尔门，并向他提出了合作的计划。当卡内基口若悬河地向普尔门解说他为合作制订的计划以及合作会给彼此带来的巨大收益时，普尔门却没有表现出卡内基想象中的感动和热情。最后，普尔门向卡内基提出了一个问题：如果我们合作的话，我们的公司叫什么名字？

　　卡内基告诉他：以你的名字命名怎样？

　　普尔门非常满意，于是和卡内基签订了合作计划。

　　无论是让邻近的孩子们帮忙养兔子，还是和普尔门合伙开公司，卡内基都是在和他们合作。而卡内基之所以能够顺利地与他们建立合作关系，是因为卡内基找到了最佳的合作方式。对于帮忙养兔子的孩子们而言，卡内基提供的合作方式是只要他们提供饲养兔子的食物，他们就可以得到饲养宠物的乐趣和用他们的名字为兔子命名所带来的满足感和主人翁感；对于普尔门而言，卡内基提供的合作方式是只要他愿意合作，就可以为他带来名利双收。

　　提供乐趣、满足感和主人翁感，或提供名利双收，能不被打动的人真的很少。卡内基的方法值得我们借鉴。

　　有人觉得与别人合作很难，其实难的并非合作，而是难在没有找到最佳的合作方式。只要能找到最佳合作方式，顺利合作是水到渠成的事。当我们发现难以与别人合作时，先不要着急愤怒和抱怨，想一想是不是我们提供的合作方式有问题，是不是忽略了对方的利益，是不是与对方的价值观相违背，是不是忽略了对方对于名利以外的一些需求。当我们能够找到这些问题，进而解决这些问题，与他人合作也就不成问题了。

## *3*. 你不以自我为中心，才能找到合作人

世界上的合作模式有千万种，有平起平坐的，有主配角搭配的，有上下级协作的。但不论是进行哪种模式的合作，都不要将"自我为中心"的姿态带进来。

生活中，我们常会遇到一些以自我为中心的人，他们说话做事全凭个人喜好，只顾个人利益，完全不在乎别人的感受和利益。比如他们看到你穿了一件衣服，但觉得你穿着并不合适，就直言相告，末了还会加上一句：我就是心直口快，你别介意；在涉及利益分配时，他们分毫必争，一步不让，希望得到最大的一份，甚至是全部；刚愎自用，我行我素，听不进别人的建议，即使别人指出他的错误，他也依然如故，甚至认为别人无事生非，因而对别人心存怨恨，乃至打击报复。

试想一下，如果你遇到了这样的人，你还会和他合作吗？即使他合作之前对你说得天花乱坠，即使与你签订明文规定的合作条款，想必你也不会和他合作吧！因为这样的人在有意或无意之间总会伤害别人的情感，让人内心受挫，甚至会带来极大的风险，让人蒙受不必要的损失和伤害。

大辉是某广告公司的一名主管，手下带着几名下属，且都是今年

刚招来的。大辉的这个工作组是因为公司业务发展需要，在今年刚成立的。

能坐到公司中层领导的位置，对于大辉而言着实不易，这是他在公司辛勤奉献四年换来的。当然这四年来，大辉不仅得到了职位和薪水上的提升，专业能力也是随着资历而渐长的，做起事来有自己的一套。

然而，令大辉苦恼的是主管的位子并不好坐，因为下属们好像对他不太服从，在大辉对他们的工作提出要求的时候，他们常会有这样或那样的意见。大辉对此非常不满，认为新员工太嫩，能力不完善，而自己能力强，做事系统有章法，新员工不听他的，就是不听话，就是在给他制造问题。还有好几次，大辉听到下属们在背后说他太过固执、死脑筋，不会变通，总是把简单的问题复杂化，而且说话声音大，喜欢耍官威，是典型的小人得志。这让大辉更加生气。

按照公司的惯例，每个月的月底都会开一次公司总结会议。在这一次总结会议上，经理提出让各部门的主管各自评判自己部门的优势与不足。大辉突然觉得，这是个机会，一个教训下属的机会，于是在简单总结自己这一组的当月工作后，将火力集中于批评几位下属身上。下属大多敢怒不敢言，虽然也有个别人针对大辉的批评进行了反击，但被经理按压下去，他不希望会场变"战场"，更认为这是大辉部门内部问题，应该由大辉自己解决。

一天，一位下属将自己的广告文案递交给大辉，大辉觉得他的文案虽然写得很有创意，能反映产品的特点和优势，也能吸引眼球，但总觉得有些不太顺畅，与自己一贯的表达方式不同，于是就找来这位下属，让他修改。这位下属改了几遍，但大辉还是不满意，让他继续改，还对他进行了严厉的批评。大辉认为他不是改不好，而是故意不改好。这位下属则认为自己尽心修改，只是真的不必凡事都要按照大辉的习惯来做，大辉是在故意整他。

矛盾就此激化，这位下属和大辉争吵了起来。这位下属一怒之下将文案和争吵的前因后果写成文书发给了公司所有同事，抱着鱼死网破的打算让所有公司的同事和领导评理。公司的同事们虽然嘴上不说，但私底下都认为大辉有点儿认死理儿，这次是大辉小题大做，借机打压下属。

经理知道这件事后非常不满，让大辉尽快把这件事平息下去。按照大辉的想法，是要直接开除这位下属的，但令大辉没想到的是，他还没有将这个想法落实，他的几位下属已经同时交上了辞职申请。经理尽力安抚他们，他们只说跟着大辉这样自我、任性的主管让他们对公司、对未来都没有信心，辞职是经过详细考虑的，也是势在必行的。经理知道无法挽留，与此同时，也开始考虑甄选接替大辉出任主管的人选。

可以看到，几位下属对于大辉是极为不满的，在他们看来，大辉总是依照自己的习惯和方式来要求他们工作，但这样的习惯和方式却并不适用于他们所做的每一项工作。大辉不会变通，喜欢打压人，总是让下属倍感难堪、压力很大、前途渺茫。所以他们选择了离开，这是大辉总是以自我为中心所带来的恶果。虽然大辉和他们是上下级关系，下级应该服从上级的领导和安排，但本质上还是合作关系，在工作上并不是没有商量的余地。如果下属对上级的服从达到即使明知是错也要做的程度，那么谁能说这样的下属是好下属？

世界上的合作模式有千万种，有平起平坐的，有主配角搭配的，有上下级协作的。但不论是进行哪种模式的合作，都不要将"自我为中心"的姿态带进来。

## 4. 舞台并不单属于你一人，你需要有分享精神

人生就如同一个大舞台，每个人在上面除了要尽力做好自己的事情外，最重要的就是不排斥，不忌妒自己的同伴，与人同行，与人同进退，最终才能攀上事业和人生的高峰。

很多人最大的问题就是没有给自己做好定位，总以为这个世界都必须围着他转，无论是工作中，还是生活中，大家都要唯他的一言一行是从。稍有不顺便会怨声载道，或者对周围的人横加指责，或者干脆任性妄为，自己撂挑子不干。

实际上，不论是人生这个大舞台，还是工作这个小舞台，没有哪个是单独属于你一个人的，在每个舞台上，生旦净末丑各有各的角色，大家各司其职，各自演好自己的角色固然是第一位的，但是一次精彩的演出，还需要大家互相配合，该"生角"上场时，"旦角"就不能乱入，配合好别人更是对自己的一种成全。

世界上，没有人能够凭借一己之力便撑起一片天，让自己成就不世霸业，即使是项羽那样的盖世英雄，也因为有无数江东子弟的拥戴才成为一代"楚霸王"。现实中的我们更应如此，单打独斗或许可以做成一件事，却不能成就一个人。因此，在日常行事中，千万不要唯我独尊，强者不要恃强凌弱，弱者不要怨天尤人，多给对方捧捧场，

共同把同一场戏演好，这样最终受益的是你自己。

陈老板经营一家大型的建材企业，业务如日中天。但是管理人才的缺失，是困扰他的企业继续做大、做强的难题。为此，他不惜花费百万年薪聘请 CEO，可是陈老板本人是个非常自我，做事很强势的人，经常喜欢好为人师，不习惯倾听别人的意见，虽然聘请了许多空降兵，中层管理人员的年薪也超过数十万，但是他的公司里却流传着这样一句顺口溜——"三个月人才，六个月蠢材，九个月走人"。

关于这句话的含义，在陈老板手下做过总经理的袁利深有感触，他说："陈老板花大代价聘请人，开始时是当作人才看待，会留给三个月的观察期；三个月后，老板没得到原来的期望，对这些招聘来的管理人才的看法由人才转变为蠢材，六个月后，就急不可耐，想方设法要挤走某个管理者。"他就是陈老板这种用人模式下的"受害者"。

其实，这并非袁利夸大其词，有很多事情都可以证明他所言不虚。有一次，公司召开管理层会议，袁利刚把下一季度工作计划跟大家分享完，就听陈老板开口了，他对袁利的计划横挑鼻子竖挑眼，当袁利为他解释一些情况时，还未等袁利说完，便被他直冲冲地打断了，并把他的一套理论搬出来，似乎只有他的想法是正确的。最终，本来是管理层会议，却开成了他的批斗会和演讲会。

可想而知，在这样的环境下，袁利要想开展一件工作是多么的不容易。无奈之下，袁利只要主动辞职，他也算是"识时务者"，没有等陈老板开除便自行离开了。结果呢？本来好好的企业，被陈老板这么一搞，业绩一日不如一日，最后不得不缩减规模求生存，市场被主要竞争对手抢占了一大半，因为昔日那些被他排斥走的人，很多都到了对手那里，并且在那里受到了高规格的礼遇。可想而知，这些人会如何对付他及他的企业？

其实，在公司这个舞台上，无论是老板、高管，还是基层管理者、员工，他们各自有自己的价值，也各自有自己的职责所在，哪怕你是才高八斗，还是能力过人，都不能把整个舞台据为己有，你能够做的就是与大家分享这个舞台，互相配合，最终才能有一个好的结局。故事中的陈老板虽然也意识到了人才的重要性，但是就是不能很好地控制自己的"独大欲"，认为他是这个舞台的所有者，理所当然地就要全部说了算。

不懂得分享与合作，最终的结果便是孤立自己，让自己在遇到困难时变得无人愿意施以援手。

正如陈晓萍教授所说的："由于团队成员之间的高度互赖及利益共享，每位成员都面临着是否合作的困境：如果自己不合作，而其他成员皆努力付出，那就能坐享团队的成果；但如果所有团队成员都作此想，那该团队将一事无成，结果每个人都受到惩罚。从另一方面说，如果自己全心投入，而其他成员皆心不在焉、懒散懈怠，那么到时由于自己的努力为团队取得的成果就会被其他成员所瓜分。"

一个不注重与人分享和合作的人，理所当然也不可能享受到团队的成果，一个只知道唱独角戏的人，肯定得不到同伴的支持，他的表演也不可能引起共鸣。人生就如同一个大舞台，每个人在上面除了要尽力做好自己的事情外，最重要的就是不排斥，不忌妒自己的同伴，与人同行，与人同进退，最终才能攀上事业和人生的高峰。

## 5. 鼓励他人是一种良好的习惯

没有人不希望获得来自他人的赞美和认可，一旦这个心灵需要得到满足，那么他的内心就会被驱动，从而对鼓励自己的人产生感激之情和追随之意。在合作中，如果你能经常对身边的人加以鼓励，那么，他们必定会发自内心地来帮助你完成任务。

鼓励他人是一种能力，也是一个良好的习惯，那些总是善于鼓励他人的人，必定也会受到他人的赞美和支持。与人合作或者共事的过程中，能够得到来自对方的信任和帮助，那对于事情的完成无疑是最大的助益。

美国汽车大王福特不止一次说："善于鼓励他人的能力，是一个人一生中最美好的财富。"不仅如此，鼓励他人也是调动他人积极性和主动性的最佳动力。没有人不希望获得来自他人的赞美和认可，一旦这个心灵需要得到满足，那么他的内心就会被驱动，从而对鼓励自己的人产生感激之情和追随之意。在合作中，如果你能经常对身边的人加以鼓励，那么，他们必定会发自内心地来帮助你完成任务。正所谓众人拾柴火焰高，有这么多人为你添柴加薪，何愁你的人生不红火。

安东尼·罗宾也说："要想成功，你必须学会调动别人内心深处的积极性让他们发挥潜能，你必须'给他们的油箱加油'。"为此，他曾经做过一项专门的调查，调查要求 70 位管理学家说出管理人员必须懂得的人性中的最关键的东西，有 65% 的人说"积极性"，就是使人行动起来的那种感受和认识。这些学者的理由是：如果你不能调动别人的积极性，你就不能获得他们的帮助，那么你想做的一切事情都要由自己独立完成。

由此可见，鼓励他人是每个人都应该掌握的技能，也是你需要极力养成的一个习惯，因为只有这样，你在难时和忙时才会有人帮。

鼓励的力量就是如此之大，不信看下面这个故事。

很多人都知道拿破仑·希尔是著名的成功学家，却不知道他小的时候却是个调皮、顽劣，不思进取的孩子。

因为他一贯爱惹是生非，顽劣不堪，所以当家里发生什么不好的事情，父亲和几个哥哥总是会想到是他做的。就这样，希尔也渐渐习惯了这样的地位，反正大家都不怎么看好他，他就继续"坏"下去算了。不幸的是母亲去世了，这对他也造成了不小的打击，他从此就完全没有理由"变好"了，因为似乎一直以来，对于其他人对自己的指责，只有母亲还会经常出来为自己辩解几句。

到了希尔 9 岁时，父亲决定再婚，哥哥们都纷纷揣测这位新妈妈会如何对待他们，只有希尔对这个话题不感兴趣，他觉得即将来到家里的新母亲是不会给他一点同情心的。这位陌生的妇女进入他家的那一天，他的父亲站在她的后面，让她自行应付这个场面。

新妈妈挨个房间去跟他们几个打招呼，当她走到希尔面前时，他直立着，双手交叉着叠在胸前，凝视他，他的眼中没有丝毫欢迎的表露。看到这种情形，父亲走过来，并向新妈妈介绍说："这就是希尔，他就是那个全郡最坏的男孩，他已经让我无可奈何。说不定明天早晨以前，他就会拿石头扔向你，或者做出你完全想不到的坏事。"

希尔对于父亲的言谈从来不当一回事，或者说是无所谓。不过，出乎希尔意料的是，新妈妈并没有立即走开或者附和父亲对自己的评价，而是微笑着走到他面前，用一只手抚摸着他的头说："这是最坏的孩子吗？我看完全不是。他恰好是这些孩子中最伶俐的一个，而我们所要的，无非是把他所具有的伶俐品质发挥出来。"这句话完全打败了希尔的顽劣，他当时心里便改变了对新妈妈的态度。

在往后的相处中，他和新妈妈相处得非常融洽，也正是新妈妈的这句话，让他决心改变自己，让自己真正成为她心目中的那个伶俐的孩子。结果，拿破仑·希尔做到了，不仅他自己非常成功，还不停地激励更多的人走向成功。

其实，每个人身上都有值得别人认可和鼓励的闪光点，只不过有的优点明显，有的不明显。即便是那些一向被别人认为一无是处的人，也都有令人陶醉的"闪光点"，可能非常小，甚至小得只有他本人心里清楚。然而，只要你愿意成为一个善于鼓励他人的人，那么就可以找到或者发现那些值得你去鼓励和赞美的东西。

一旦你的鼓励说出口，就会对别人造成心灵的震撼，很可能曾经不合作或者对你有抵触情绪的人，也会因为你的一句鼓励的话而变得柔弱、配合起来。就像故事中的拿破仑·希尔，正是因为新妈妈的那句话，就彻底地改变了他的人生轨迹，变成了世界上最成功的人之一。

由此可见，在与人合作过程中，鼓励不仅可以促进人际关系和谐，还会让他人心甘情愿助你成功。

杰克是一家公司的部门经理，他工作严谨负责，也十分努力。不过，他的下属对他却非常不满，经常不配合他布置的任务，所以他的部门经常会因为完不成任务而受到公司的点名批评。这让他的上司非常困惑，不知道该如何对待这个优秀、勤奋的管理者，如果开除他吧，公司需要这样勤奋努力的人，如果继续留用，他却拖垮了一个部门。

那么，为什么自身这么优秀的人却无法带出优秀的团队呢？

原来，若是下属工作做得不好，杰克就会严厉地指责他们。但是，假如他们做得好，他也不觉得有必要奖励他们，因为他觉得，员工既然拿了工资，就应当好好工作。就这样，下属们都不喜欢在他手下工作，他们感到自己不但没有得到应有的赏识，还常常遭到批评，因此纷纷在背后抱怨他，不少人甚至调到了其他部门或离开了公司。

慢慢地，杰克似乎也意识到了自己的问题，他开始主动改变自己的做法，他觉得要想扭转下属们对他的看法和工作态度，就需要采取与之前恰好相反的方式，即当下属做得好时，他应当表扬他们、奖励他们，而不是视而不见；当下属做得不够好时，他应当帮助、鼓励他们，而不是批评、惩罚他们。只可惜，他发现得有些晚了，无论他怎么努力，大家都不能在短时间改变对他的看法。于是，公司还是解聘了杰克。

不过，这并不是事情的结局，杰克又应聘到了另外一家公司，在那里，他的职务是部门主管，他重新开始了自己的工作，他完全变了一种工作态度和方法，他开始与下属建立良好的互动关系，他真正开始帮助员工、鼓励员工。于是，他的下属都十分努力，对他也忠心耿耿，同僚和上司也都很尊重他。

鼓励他人的习惯，给予他最好的回报，就是他也获得了别人的帮助与鼓励。不久，便被公司提拔为部门经理。

有人曾说："一句鼓励的话，可改变一个人的观念与行为，甚至改变一个人的命运；一句负面的话，可刺伤一个人的心灵与身体，甚至毁灭一个人的未来。"只有懂得真诚地鼓励别人的人，才是一个会办事的人，这种人能够让自己和他人的生活都充满意想不到的精彩。

## *6.* 你如何对待他人，决定他人如何对待你

正如莎士比亚所说的："为什么世界上有镜子，人们却不知道自己是什么样的？"先伸出你的手，先付出你的爱。要想赢得别人的支持，就先去支持别人；要想得到别人的赞美，先去赞美别人；要想得到别人的帮助，先去帮助别人。

很多时候，我们都很郁闷，因为总是觉得别人对自己不友善，于是便也不会主动对别人友善；经常抱怨别人背后说自己坏话，却不由自主地在背后对别人议论纷纷；讨厌被人欺骗，却总想方设法对别人说谎；经常对那些不守信誉的人不屑一顾，自己却经常失信于别人；总想离那些虚伪狡诈的人远些，却从不肯摘下自己戴着的面具；憎恨那些心胸狭隘的人，却从不肯对别人多些宽容和友善；期待受人尊敬和重视，却经常敷衍和忽略别人……凡此种种，从来都不想改变自己对他人的态度，却想获得他人的友好。

生活就像面镜子，你对它笑，它便回应你友善。人与人之间更是如此，你期待别人如何对待你，那么你就应该如何对待别人。正如莎士比亚所说的："为什么世界上有镜子，人们却不知道自己是什么样的？"先伸出你的手，先付出你的爱。要想赢得别人的支持，就先去支持别人；要想得到别人的赞美，先去赞美别人；要想得到别人的帮

助，先去帮助别人。

在与人合作的过程中，这应该作为一条最基本的人与人相处的准则贯彻下去。

罗平毕业于北京某大学财会专业，年前去了一家公司做财务工作。虽然来公司时间比较短，但是因为他为人随和，在虚心学习的同时，也肯帮助别人，因此在公司的人缘非常好，在工作中遇到任何问题总是有人帮忙。

有一次，总经理让财务部起草一份并购另一家公司的可行性财务报告，事关机密，总经理希望财务经理不要将知情范围扩大。因为罗平一向表现不错，所以经理将罗平列入了工作小组中。在工作过程中，罗平想到一个人，那个人可以为他提供一些非常关键的资料，因为那人曾在他们要并购的那家公司工作过十几年，不久前那人也跳槽到了罗平所在的公司。

于是，罗平去找那位同事，请他帮忙。当他来到那位同事的办公室门口时，对方正在接电话，并且十分为难地对着话筒说："儿子，这些天实在没什么好邮票带给你了。"看到罗平进来了，他便挂了电话，并笑着说："是我儿子，总是缠着我给他弄些好邮票。"

"怎么今天有空过来看我，最近工作怎么样？"那位同事话题一转对罗平说。

罗平说："还不错，不过遇到了一些麻烦，这不，来向你取经了。"

双方寒暄了一会儿，罗平便把自己的真实意图说了出来，当时，在那家公司，罗平帮了对方不少，两人的关系也处得很好，这次他之所以能来公司，罗平也是帮了不少忙。可想而知，听完罗平的来意后，对方很快便答应下来，只不过，事先也说清楚，涉及前公司的机密是不可能说的，当然，罗平也知道这其中的利害关系，他也并不需要那些，只是一些日常批报过的财务报表，他只是拿来参考一下。

本来以为事情就这样结束了，没想到第二天一大早，罗平又来到那位同事的办公室，并拿出一套精美的邮票送给了对方，那位同事对罗平又是一番感谢。

在你需要别人的帮助时，别人才会心甘情愿地施以援手。也就是说，当你搬开别人脚下的绊脚石时，恰恰是在为自己铺路——帮助他人即是帮助自己。在帮助别人时，任何一种努力都不会白费。

人与人之间相处不求回报是不可能的，谁都不想平白无故付出，付出了还是希望能够得到相应的回报，有时候哪怕是一个微笑也是对自己的奖赏和认同。正如《一生的计划》中所提到的："为什么有的人总是受到欢迎？关键是他们学会一条人际关系黄金定律——你想要别人怎样对待你，你就要怎样对待别人，这条黄金定律的秘诀在于：你掌握着人际关系的主动权，只要你想要一个和谐顺畅的人际关系，你就可以拥有，当然关键是你！"

因此，从现在开始不要抱怨，也不要苛责他人对你的态度，而是多看看自己究竟做了多少，付出了多少？当你要求别人为你做些什么的时候，你又为别人做了多少？这样一来，不仅你可以让自己的心态变平和，也更容易找到让自己获得对方帮助的办法。

## 7. 信任他人是令人合作愉快的习惯

信任就是这样一种习惯，它能够让施者和受者双方都受益匪浅。可以说，没有信任的企业将无法壮大，同样，在任何人与人打交道的过程中都是如此，因为缺乏信任会让人们变得冷漠，甚至充满敌意。

与人合作最为紧要的恐怕就是获得对方的信任，没有信任一切都无从谈起，因为谁都不可能去为一个自己不信任的人付出真心，更不愿意去帮助他。那么，如何才能获得他人的信任呢？其实很简单，那就是去信任他人，因为信任是相互的，你不相信别人，何谈让对方相信你呢？

正如米歇尔·奥布莱恩博士所说的："人的情感是无法压抑的。"而信任恰恰就是人与人之间的一种强烈的情感表达。因此，信任在任何时候都是最重要的东西。当一个团队或组织超过一个人时，信任就变得尤其重要，人们就会确认他们之间是否被彼此信任。

关于这一点，松下公司的创始人松下幸之助颇有见解。他说："起用某个人，只有在充分信任他的时候，他才会一心一意为企业效力。"他不仅是这样说的，也是这样做的，他觉得，对待任何人，首要是信赖。

有一次，松下公司因为发展的需要，需要在金泽市设立营业所。

金泽这个地方，松下没有去过，但是经过多方面的考虑，他觉得有必要在此成立一个营业所。有能力去主持这个新营业所的主管，为数不少。但是，这些老资格的人却必须留在总公司工作，以免影响总公司的业务。

可以说，当时对松下先生来说这的确是个难题，他不得不作出一些可能不是很稳妥的决定。在当时的确是那样，他经过仔细考虑后，想到了一个只有20岁的年轻的业务员，他与他虽然交情不深，但是他所了解的是，他各方面的能力都已经足以让他相信他能够做到。因此，松下先生决定派这个年轻的业务员去做负责人。

当然，松下先生还是和那个年轻人坐下来聊了聊这件事情。见面后，松下先生直接对那个年轻人说："这次公司决定，在金泽设立一个营业所，我希望你去主持。现在你就立刻去金泽，找个合适的地方，租下房子，设立一个营业所。资金我先准备好了，你去进行这项工作好了。"

那个年轻人被他的这番话吓到了，因为之前没有人给他透露过一个字。他先是一惊，然后就说："先生，这么重要的职务，我恐怕不能胜任。我进入公司还不到两年，等于只是个新进的小职员。年纪也是二十出头，也没有什么经验……"

松下先生笑了笑，心想："果然是个坦诚的人，绝对值得我信任。"不过，他并未讲出来，而是严肃地对他说："你没有做不到的事，你一定能够做到的。放心，你可以做到的。"

结果，这个年轻人立即跑到金泽，他很快展开了工作，并且每天都要把进展情形一一写信向松下先生汇报。不久，筹备工作完成了，松下先生很满意，并从大阪派去两三个职员，作为那个年轻人的手下，金泽营业所算是开张了。

后来的事情很多人都清楚，松下先生的决定完全是对的，那个年轻人不仅很好地完成了创办营业所的工作，而且在往后的工作中更是表现出了卓越的才能。

信任就是这样一种习惯，它能够让施者和受者双方都受益匪浅。可以说，没有信任的企业将无法壮大，同样，在任何人与人打交道的过程中都是如此，因为缺乏信任会让人们变得冷漠，甚至充满敌意。

信任的力量巨大，它是一种爱，是一种鞭策，更是一种鼓励，当管理者把信任给了下属时，他会感到身上的担子的沉重，他会感到一种温暖，他会形成自我约束。关于这一点，上面故事中阐述得非常清楚。

《给加西亚的一封信》说的是这样一个故事：美国总统将一封信交给一个士兵罗文，要求他能把信送给加西亚，在这里没有必要纠缠其中不合逻辑的一些地方，只想着重强调的是美国总统对一个普通士兵的信任。也正是因为这份信任，最终罗文克服种种困难完成了任务。

同样，如果你与你的合作伙伴之间能够产生信任，那么，就不愁对方不与你同舟共济，共渡难关。因为信任用得恰当，就能成为一种激励，能给下属、员工甚至同事带去舒心、信心、热情与激情。

有的时候，你可能会遇到这样的情况：你交代某人去办一件事情，你会在事情反复叮嘱或要求他应该这样、那样做，当他出了一点纰漏，你会怒发冲冠。这实际上是你对对方根本不信任，因为你对人不信任已经成为一种习惯，而习惯改变是如此之难，甚至你都没有意识到需要任何的改变，因为你觉得，要求下属或员工去做的任何事情都是他们应该去做的，你自认为这是标准和工作的基本要求。

其实，有时候信任比你说再多的叮嘱的话都管用，只要对方觉得你是信任他的，那么，你就会得到你想要的结果。

第六章

追求卓越，
你的人生格局将
获得提升

亚里士多德说，我们重复的行为造就了
我们，卓越因此不是一个行为，而是一个
习惯。

# 1. 只要决定做的事，你都必须拼尽全力

一个人会怀疑自己的工作能力，这种懒惰做事、心存侥幸的心理，使一个人对自己的工作再也无法认真，长久下去，将直接影响到其职场生涯之路。其实，很多事情并不难，只要你肯付出自己全部的努力，肯坚持。

现实生活中，总听到有人说，女孩子还好一些，凡事随便做做样子就可以了。每次听到这样的话，作为女生我都感到很不解，凭什么女孩子随便应付下就好了呢？我认为，"追求卓越是一种习惯，无关乎男女"。

而一个习惯去追求卓越的人，一定也不习惯过平庸的生活，就像有些人习惯早睡，有些人习惯晚睡，没必要非去勉强，只要自己觉得舒服就行。

很多时候，人们做一件事情总是急于求得回报，或者总是想偷懒少出几分力，以期得到同样的结果。于是，往往事情就被搞得虎头蛇尾，乃至最后不了了之。我总是相信，对一件事不能够尽全力的人，对其他的事情也都不会如此。而为什么人做每件事都要尽全力？因为有些时候，也许就是你已经做完了前面的那百分之九十，却因为最后的百分之十做不到位，而最终令整件事都前功尽弃。

你的习惯是一切美好的开始

　　艾伦是售楼处的销售人员，他的工作就是每天都要拉到客户，卖出房子。之前有位年轻夫妇已经跟他看好了一套户型不错的房子，但是夫妇两人平常工作时间很忙，缺少一个合适的机会来跟艾伦具体洽谈关于这套房子合同签订的问题。

　　合同迟迟不签，艾伦倍感焦急，以至于有其他顾客来问房源，他都显得有些漫不经心。原本，他应该早点把合同打印出来，只等顾客到来就能立即签约，但偏偏艾伦做什么事都喜欢临时抱佛脚，对待工作更是蜻蜓点水，能歇就歇——甚至就连这个客户，都是同事因为临时出差，而委托艾伦接手的。

　　这天，年轻夫妇突然来到店里，想跟艾伦谈签约合同的事，就在他们把所有条件都谈好了要签约时，艾伦才支支吾吾地解释说，他以为他们要很久才能来，所以售房合同一直没能准备好。听了艾伦的话，夫妻俩互相看了对方一眼，然后手挽手，头也不回地走掉了。他们认为艾伦不把客户的需求放在心上，对这样一个办事从不尽心的人，他们不愿意跟这种人谈生意。

　　后来，同事回来了，他将这件事一五一十地反馈给了老板。老板当然很生气，因为这对客户要购买的户型非常有利润可赚。而同事也因为艾伦这么轻易地就把他跟了半年的客户丢掉了，也不再和他说话。

　　原本一件可以皆大欢喜的事情，最后却闹了个不欢而散。对事情马马虎虎的这种态度，使文中的艾伦最终丢掉了工作。而最可怕的是，这样的事情多了，一个人会怀疑自己的工作能力，这种懒惰做事、心存侥幸的心理，使一个人对自己的工作再也无法认真，长久下去，将直接影响到其职场生涯之路。其实，很多事情并不难，只要你肯付出自己全部的努力，肯坚持。

今年 28 岁的林特特已经是某家大型文化公司的高管了，这么年轻就拥有成功的事业，被很多人视为幸运儿。

然而，这并不是她的重点，后来，林特特在朋友的带领下，先后奔向了创业的大潮。起初只是玩票性质，却没想到两年后，她的小店越开越红火，干脆辞掉了工作，全力打理自己的生意。

从在职场的一帆风顺，到如今创业的风生水起，很多知道她的人都羡慕这份成功，"你运气真好。"

每次听到这样的话，她都云淡风轻地笑一笑，继而认真地进行手头的工作，她的店不大，经营的都是些都市时尚品，受众就是那些都市里热爱时尚的男女青年。在一个大城市里，这样的小店满大街都是，但仔细看她的店又有些不同——货架上那些琳琅满目的小玩意儿，每一个都很精致，我在别处决然没有看到同样的东西。

我走到一排货架前，伸手拿起一个造型独特银白色的小戒指，"咦？看着怎么有点眼熟？"

林特特闻声赶来，看了一眼我手中的东西，"这是《十八春》里顾曼桢戴的那款戒指啊……"

"啊"，我想着她的话，仔细观察这枚戒指，果然，指环上紧紧缠上了红毛线——记得在电视剧里，曼桢就是觉得戒指大了，所以才找来红线缠上。接下来，我还在她的货架上发现了林黛玉的小手帕和冯程程的雨伞。天啊！那些文艺女青年绝对会爱死这些东西的！

"你别看这小玩意儿简单，但是有些我是专门跑了很多地方，找专业的老师傅定制的。"林特特这样说。

"怪不得她的生意总这样好呢！"我终于明白为什么她是幸运儿

了。她的成功不仅仅是靠运气这么简单，而是她做每件事都肯用心。

我们都知道，执行能力强和对待工作认真的人，办事情的成功率更高，也更容易获得满足感。世界上有一门学问叫作"成功学"，但我从来不相信成功是只需要掌握几个知识就能实现的，它真正需要的是你做事情时的全情投入，以及是否能够全心全意、尽心尽力地去对待一切。

# 2. 拥抱不完美的自己，你才能变得更优秀

世界上本来就没有什么是完美的，过于追求完美无异于将自己亲手埋葬进一个坑里，不仅会让自己身心疲累，也会连累身边的人感到急躁，而适度地放手，让自己放松下心情，不但能够缓解压力，更可以帮助自己更好地完成事情，从而获得最后的成功。

对待工作不负责任的态度确实不值得提倡，但另一个极端——凡事追求完美，也很伤人脑筋。心理学研究表明，追求完美的人更善于苛责自己，多数时间令自己处于焦躁、焦虑的状态，长此以往不仅会对工作造成一定的不良影响，也容易使自己的身体感到疲累甚至是崩溃。

"80后"IT创业名人徐乐，在一档节目的启发下，出于对互联网行业的热爱，创办了试用网itry，并于2006年4月底成功拿到了融资。同年12月19日，网站被同是IDG投资的亿美软通并购，这么快就融到资、很快卖掉，在外界看来这已算成功，但徐乐却背负了很大的心理压力，甚至一度精神紧绷、抑郁，并且精神上的困扰最终使得身体机能也出现问题，"那时候心气很高，想着自己也要做像马云那么强大的公司，就一再地给自己施加压力、追求完美，最终精神与身体先后崩溃，感觉真是生不如死。"

渐渐地，徐乐开始从自身找原因，并成功地从一些同仁那里获得了精神上的帮助，他学着不再压迫自己，慢慢放松心境，在经过几次心理上的大考验后，终于决定还是踏踏实实去做点事情。

2010 年 5 月，他再一次创办自己的公司 SNSGAME 游戏矩阵，正式进军游戏领域。经过他的努力，游戏矩阵在台湾地区创下了覆盖高达 1/5 用户的好成绩。

在试用网未能交出自己满意答卷的徐乐，在新公司游戏矩阵的创业过程中更加懂得了凡事不苟求完美的深刻意义。虽然，目前游戏矩阵的利润尚不稳定，但在他的管理下，也已经被几个大公司看好，有想要收购的意愿。但徐乐这一次选择坚持，他想通过自己的掌控，合理地发展这家公司。

"人在 30 岁以前别因为过于追求完美而苛责自己，多成长、多历练就好了。以前我经常拿自己跟李彦宏比、跟张朝阳比，这能不把自己给急病吗？"经过这两次创业经历，徐乐显然淡定从容了许多，"只有冷静下来，才能更好地分析事情，我觉得做事情还是需要一步一个脚印，踏踏实实地干，而不能急于求成。"

世界上本来就没有什么是完美的，过于追求完美无异于将自己亲手埋葬进一个坑里，不仅会让自己身心疲累，也会连累身边的人感到急躁。而适度地放手，让自己放松下心情，不但能够缓解压力，更可以帮助自己更好地完成事情，从而获得最后的成功。

黄敏刚进入一家正在创业的影视公司，因对待工作积极认真，做事又很主动，所以为期三个月的试用期结束后，黄敏光荣地被留下了。但是由于刚创业，公司工作任务比较繁杂，黄敏虽然应聘的是影视编辑，但是偶尔也需要配合着处理一些市场营销的工作。

但坏就坏在她的性格上，她做事一贯追求完美，很多文件明明已经合格了，可以联系媒体进行发布了，她却一改再改，非要改到自己最最满意的状态。

有一天，领导临时吩咐她写一篇新电影的宣发稿，黄敏写完以后，执着于完美的老毛病又犯了，于是一遍又一遍地改，最后过了领导要求必须在新媒体版面见稿的时间。领导大发雷霆，批评黄敏这种工作习惯，已经严重影响到了整个公司的推行计划。

为此，黄敏当月的业绩奖金被扣了不说，领导甚至剥夺了她一个月的发稿时间，而黄敏的工资中发稿绩效是很重要的一个组成部分。

从那以后，黄敏开始学着正视追求完美这件事，她领悟到，凡事都有个度，正如"欲速则不达"，过于追求完美反而会让自己的工作效率降低。在这个过程中，她注意到一旁的同事琳琳虽然写稿的质量不如她，但却可以在每天都按时完成任务的同时，还能喝上一杯暖暖的奶茶。

两个月后，黄敏的工作进展顺利了很多，老板也不再挑她的毛病了。

首先我要承认，追求完美是人类之所以能够不断前进的动力之一。为把事情做到最好，每个人都应该有点这种精神，但如果度把握得不好，不管做什么事情都要追求完美，那么当事情的结果并不尽如人意时，你自然就会产生消极、焦虑等负面情绪，结果反而很不完美。

心理学家发现，追求完美的性格其实是心理问题产生的一个最常见的根源。追求完美最合理的度是：因上努力，果上随缘，也就是说做事情要尽自己最大的努力，然后对结果顺其自然。或者说：尽人事，由天命。这样既保持了自己前进的动力，又消除了不良情绪带来的种种困扰，反而有利于事情的进展。

## *3.* 相信自己, 你才能最终实现自身的价值

自信能使一个人保持最佳的心态, 增强其奋勇前进的勇气, 如果你能坚定地相信自己, 那么你才敢于奋力追求, 最终实现自身的价值。

我们生活的这个世界, 身边有太多不信任自己甚至是非常自卑的人。他们总喜欢看别人的优点和长处, 然后细数着自己的缺点和短板, 对镜自怜。更有甚者, 喜欢拿别人的长处来同自己的短板进行比较, 越比较越自卑, 越自卑越看不起自己。久而久之, 人生都是灰暗色调。其实, 很多成功人士, 他们也并非天生就是那个行业的领袖, 只是在拼搏的过程中, 就算是遇到挫折、失败, 也从来都是肯相信自己, 并认定自己就是卓越之人。

有段时间, NBA 华人球星林书豪成功的事例被炒得沸沸扬扬。这个世界就是这么奇特的, 当大多数中国人用固定的逻辑和思维, 觉得国人不可能在 NBA 上取得辉煌成绩时, 篮球史上就蹦出了个林书豪。

最初, 或许是很多国人对中国人挑战 NBA 这件事并不看好, 所以根本也没什么人关注林书豪, 他不像姚明有一个非同寻常的身高, 这一切导致他在 2010 年的选秀中无人问津, 但他并没有因此就对自

已失去信心，而是通过自身的努力，终于在勇士队拿到了一年的非保障合同，即使是这样，林书豪依旧没能引起球队的重视，甚至在队伍里很少获得上场的机会。更残酷的是，很多次赛季一结束，他就被勇士队裁掉。这样从小热爱篮球，并且希望自己能在 NBA 事业上有所发展的林书豪，感到十分沮丧，但他仍然坚持不放弃自己。

所以，即便是在 NBA 停摆期间，他也始终相信自己一定能在 NBA 占有一席之地，为了实现这个心中愿望，他每天都加紧训练，丝毫不敢懈怠。新的赛季他试训火箭队，结果被放弃，好不容易在尼克斯队找到了一个机会，却仍然是队伍中可有可无的"跑龙套"球员，然而对这一切，他都坦然地接受下，并且仍旧刻苦地训练，耐心等待机会。就在这时，他的坚持迎来了曙光。原来球队正准备裁掉他时，正好两位超级球星因身上有伤而只能临时退出比赛，无奈之下，教练只好派他上场。结果我们都知道，林书豪抓住了这唯一一次的机会，他一路带领球队过关斩将，在 NBA 决赛现场上演了堪比好莱坞大片的奇迹之举，球队连胜七场，而他也成为当之无愧的领袖。这次成功之后，他同时光荣地登上美国顶级媒体《时代周刊》和《体育画报》，成为当期的最热门明星人物。为此，NBA 破例邀请他参加全明星新秀赛，他一战成名，最终获得了全世界的关注，更成为 NBA 新时代的宠儿。

为什么林书豪就能获得成功呢？他的成功来源于对篮球的热爱，对自我的严格把控，更是因为不管遇到多少挫折，他始终都对自己充满信心！他的自信是由内而外的，是那种不管外界如何评价，他都会坚守自我，完成心中的梦想。

也许你会说，林书豪的成功或许还有那么一丝运气，如果不是当时球队缺人……但一个共同的事实是——很多事情，你只有积极准备，严格要求自己之后，才能有机会知道自己究竟有没有这份幸运。每个人都是与众不同的，只要自信，就能书写真正属于你的传奇。

外表的帅气与美丽，总会随着时间的流逝而一去不返，但是由内而生的美丽，却会随着时间的流逝越来越有韵味。这种魅力就是建立在自信的基础上的，自信赋予一个人的魅力，永远都不会减退，更不会因为外界的改变而改变。

自信使人创造奇迹，从古至今，每个伟大人物所创造的伟大事迹，也都是以自信为先导的。一切正如拿破仑所说，在我的字典中，没有不可能。也只有信得过自己的人，别人才敢对他（她）有所依托。缺乏胆量、对任何事情都没有主见、处理事情迟疑不决，这样的人非但无法对自己做主，更会将别人交代的事情，处理得一塌糊涂！

这学期的学生会主席的竞争正式开始了。班主任年老师非常看好自己的学生利华，想推荐她去跟年级各个班级的同学竞争。但利华自己却有些拿不定主意，她们班级已经连续两年没有任何一人获得学生会主席的光荣职位了，她很担心自己的实力也很有限，帮不到整个集体的忙。

这天早上，竞争大会就在学校的大礼堂热热闹闹地开场了。但是年老师却发现，利华没有出现。她打电话给她，却发现手机关机了，最终，她们班因为利华的临时缺席，而被迫放弃了本次的选举。

第二天，年老师找到利华，发现她正一个人趴在桌子上哭。见到老师的到来，利华很自责，她说自己真的很没信心，希望老师不要责怪她。没想到年老师非但没有生气，还很及时地宽慰了她，并且告诉她这次选举失败没什么，但如果她继续保持这种自卑感，以后的人生道路可能要无端生出许多挫折。

　　其实，我们生活中的许多问题和困难，无一不是来源于个人的自信心不足，很多机会也就随着自己的放弃而悄悄溜走。而那些自信的人，则更善于把握机会，改变人生。自信能使一个人保持最佳的心态，增强其奋勇前进的勇气，如果你能坚定地相信自己，那么你才敢于奋力追求，最终实现自身的价值。

## 4. 无所畏惧，你才能所向披靡

面对现实的困境，首先要有勇气；遇到一点挫折就对生活丧失信心的人，只能算是生活的逃兵，永远也奋斗不出属于自己的战场。

总觉得现代很多人是非常脆弱的，很多人都会被突如其来的现实当场击倒，比如失业、失恋等。前阵子看新闻，电视上说一个清华大学的研究生毕业半年仍未找到工作，继而开始自暴自弃到最后甚至完全放弃了自己。记者去他家采访时，他告诉记者说，我觉得害怕，外面好像没有愿意要我的地方。

看吧，越害怕社会上的竞争，你将变得越来越没有竞争力。但也有些人，选择逆流而上，通过自己的奋斗，战胜了险境，最终获得成功。

中国有句古话："三穷三富过到老。"说的是没有人生来就是一帆风顺的，每个人多多少少都会经历挫折，走到人生的低谷期。但正如鲁迅先生所说："真的猛士，敢于直面惨淡的人生。"那些不惧前方危难的人，也通常会是笑到最后的人。

面对现实的困境，首先要有勇气；遇到一点挫折就对生活丧失信心的人，只能算是生活的逃兵，永远也奋斗不出属于自己的战场。

格林两年前从某所全国一流的高校毕业，却在第一次找工作的过程中，因为遭遇挫折而放弃求职，整天宅在家里。家中的一对年过60岁的父母，辛辛苦苦将唯一的儿子培养长大，如今非但不能享受天伦之乐，反而还要继续外出挣钱，供养儿子的日常开销。

格林在大学期间，原本有个非常美丽的女朋友，两人曾说好一毕业就结婚，但是随着格林事业的失败，女孩也伤心离去。失业加失恋，这样的双重打击使格林彻底封闭了自己，他再也不愿踏出房门一步。渐渐地，邻居们开始对他指指点点，很多老人也都为他的堕落感到惋惜，他们嘴里都喃喃地重复着同样的一句话："好学校出来的人啊，就这么浪费了。"

西点军校的格言说："永远没有失败，只是暂时停止成功。"可见，在人生这条短暂而又漫长的道路上，人类永远需要一种不惧风险、随时保持前进的奋斗精神，这样才不会被困境轻易击倒。只有软弱的人才不敢正视眼前的困境，以逃避的姿态去解决问题。殊不知，即使天大的痛苦，好好吃一顿，然后睡上一觉，多半都会自行痊愈。人类总是把自己想象得十分脆弱，面对困难，却不肯给自己一次重新站起来的机会。

最后，为防止危险出现，也要多多提醒自己做好防患于未然的准备工作。比如，很有计划地花钱、用钱，而不是在每个月月光的时候，因为没钱办事临时到处去借；要学会计算最坏结果的可能性和杀伤力；任何事都要列出 AB 两种计划，这也是能够帮助我们顺利渡过危难的上上之策。

# *5.* 你要做的是，把梦想交给自己来实现

梦想是只属于你一个人的，理应交在你的手里。而你要努力做一些事，去实现你的梦想。只有这样，你的梦想才不会沦为一张可怜的空头支票；而实现梦想，本身就是一件充满乐趣、很有意义的事情。

做人一定要有梦想。仰望头顶深邃的夜空，不禁要感叹繁星点缀的美妙，而一闪一闪的光亮，正如人生路上一个个美好的希望。就像天空一样，梦想如同每个人生命中最闪亮的那颗星。曾有位"80后"女孩骄傲地说："没有梦想的人生，不值得一过。"因为把梦想交给自己，无形中就等于，把美好的未来，交给了自己。

法国曾有一位非常贫穷的年轻人，因为贫穷，他日子过得十分辛苦。后来，他白手起家创造了属于自己的一份事业，并且用了不到10年时间，迅速跻身法国50大富翁之列。但就在这个时候，不幸的事情发生了，他因患重病而即将去世。他膝下无子，为了让自己的事业得以继承，早早地立下一份遗嘱。

这份遗嘱这样写道："我曾经也是一位穷人，现如今却以一位富豪的身份跨人天堂之门，我所有的财产全凭自己奋斗而来，现在我把我如何成为富人的秘籍留下，倘若有谁能给出'人成为富人最缺少的是什么'的答案，那么我将恭喜你成功地找到了变富的秘诀，而

作为回报，我将给你我留在银行私人保险箱内的 100 万法郎，同时献上我的欢呼与掌声。"

那段时间，全国上下共有 18461 个人寄来了自己的答案。这些答案五花八门，应有尽有。但最一致的回答莫过于，自然是缺钱了，有钱自然就成为富人了；还有一些人认为，是因为缺少机会，才没能成为富翁；另外一些人认为缺少的是技能，有了一技之长，不管走到哪里都能有钱挣。就在鉴证官们觉得没人能回答上来时，一个独特的回答出现了，他写的是"人最缺少的是成为富人的野心"。

更令人匪夷所思的是，这份答案的回答者，竟是一位年仅 9 岁的小女孩。在领奖当天，鉴证官问女孩，为什么你觉得会是这个答案？小女孩仰起脸，天真地说："每次我姐姐把她 11 岁的男朋友带回家时，总是警告我说不要有野心！不要有野心！于是我想，也许野心可以让人得到自己想得到的东西。"

谜底揭开之后，在法国当地引起了巨大的轰动，一些政治学家甚至开始宣传有关"野心论"的观点。而其实这个野心，也就是今天常被人们提起的——梦想。

看完这个故事，你是否能理解梦想究竟有多大的力量了。一个人会作什么样的决定，以至于最后获得怎样的成就，都是看其是不是有梦想，并且是否愿意为了实现梦想而付出努力——两者缺一不可。否则，人生就会一无所获。

2014 年时，那时我还在一个图书公司做出版。我完全是因为喜欢阅读而选择了这份工作，幸运的是，我在公司遇到很多志同道合的同事，其中有个人给我留下了深刻的印象——请不要误会，他并非什么积极正面的能量，而总是作为反面教材，时刻提醒我，既然有梦想，就该付出行动去执行。

事情是这样的：因为我们都很喜欢写作，所以就策划了一个选题，选题通过以后，由我们合作完成。然而，就在项目即将进行的前两天，他却突然打电话告诉我说，他最近心情不好，怕影响稿子的质量就想先放放。我当时觉得每个人都有心情不顺的时候，也可以理解，于是就没太当回事。孰料，那之后的一个月里，他总是以各种理由和借口，拖延写作的进度。最终，我们原计划三个月完成的书稿，一直到半年时间过去，都未能完成。

对此，我很气愤，因为感觉这个合作伙伴缺乏一定的执行力，就决定之后再不合作。更没想到的事情发生了：他竟然一有空闲就冲我抱怨，说他多后悔之前没有督促自己按时写稿子，不然那本书或许可以顺利出版……最终，我因为忍受不了这样毫无意义的抱怨，而彻底跟他断绝了联系。

是的。没有一个人会喜欢光说不做的人，动动嘴皮子的事情再简单不过，相信谁都会做。然而真正值得尊重的部分，是执行，"Just do it!"记得史密斯先生在《当幸福来敲门》里说，如果你有梦想，就应该去捍卫它。

只是因为，那是你的梦想。

没有梦想的人生是苍白的，就像没有鲜花绽放在大地。而拥有梦想的人，也别太骄傲。要始终记得用自己的勇气去捍卫和保护你的梦想。记住，梦想是只属于你一个人的，理应交在你的手里。而你要努力做一些事，去实现你的梦想。只有这样，你的梦想才不会沦为一张可怜的空头支票；而实现梦想，本身就是一件充满乐趣、很有意义的事情。

## *6.* 你不忘初衷，方能实现自己期待的一切

人会采取什么样的行动，完全是为心中目标所吸引，只有明确了目标，不忘初衷，人才能更好地实现自己想要的一切。

理想是盏灯，行走夜路不能不拿灯。不要忘记自己的初衷，因为它会在你迷路时，给你一个正确的方向。当走过人生的某个阶段，可以回头再看看身后的道路，也许那时就能明白，自己为什么会在这里，接下来又能去往哪里。

流沙河的《理想》中曾有这样一首诗："理想是石，敲出星星之火，理想是火，点燃熄灭的灯；理想是灯，照亮夜行的路；理想是路，引你走向黎明。"由此可见，初衷（目标）对于一个人究竟有多重要。

美国耶鲁大学曾对某一届的学生们，进行过一次跨度 20 年的跟踪调查。最早，大学的研究人员对参加调查的所有学生，提出了这样一个问题："你们知道自己做一件事的初衷吗？"90% 的学生回答说知道。然后，研究人员让他们统统在纸上，写下自己做某件事情的初衷。

20 年后，研究人员同当时参加调查的所有学生取得联系，结果发现：一些人在人生道路上越走越远，早已忘记自己做某件事的初

衷，甚至变成了一个连自己都不认识的陌生人；而只有少部分人，始终记得自己为何要做一件事，事实证明，这些人在遇到困难和挫折时，也能很快就从失败的经历中，重新找到方向，而不至于感到迷茫甚至懊悔。而这些人，最后也都在各自的领域，取得了比较不俗的成绩。相反地，那些早已将初衷遗忘在路途的学生，近来一直都过着贫困的生活，并且精神状态不佳，言语之间似乎对这个世界充满了愤恨。这无形中也印证了一个道理：成功只是属于极少数人（那些始终铭记初衷的人）的。

初衷可以很好地帮助一个人，在迷途中尽快地找回自己。而那些一开始就明确初衷的人，则在奋斗的过程中会少走很多弯路，也更早就会明白，什么才是自己真正想要的。

某位著名的心理学家曾经做过这样一个实验：

他找来三组人，让他们分别朝着 10 公里以外的三个村子进发。

第一组的人不知道村庄的名字，也不知道走多远的路程会到，只是让他们跟着向导走，很快，队伍里就有人开始显得不耐烦，嘴里骂骂咧咧，吵着闹着说自己要退出实验；还有人几乎已经愤怒了，每隔一段时间就追问向导，现在究竟走到哪里了，还要走多远才能到，等等；甚至一些人已经自动放弃了行走，直接蹲在原地，拒绝向前进发。更糟糕的是，虽然仍有人一直都在坚持，但明显他们的脸上挂着失落，情绪也越来越低落。

第二组的人知道村庄的名字和距离的路程有多远，但是路上没有里程碑，也没有任何提示的字牌，他们只能凭借以往的行走经验，来粗略地估算自己行走的时间和路程。走到一半的时候，队伍里有人开始焦虑，反复地问其他人现在到哪儿了，队伍里有人回答说，大概四分之三的路程，问话的人听到回答，似乎才稍微安心了些，继续跟着队伍走。等到快到尽头的时候，那个有经验的人说了一句："快到了!""快到了!"大家立即都变得兴奋起来，纷纷加快了前进的步伐，结果真的，不一会儿他们的队伍就到达了目的地。

第三组的人除了知道村庄的名字和具体的里程数以外，在他们每个阶段行走的路途，也都有相应的路标或里程碑，这支队伍在出发前和行进过程中，时刻都保持着心中有底的状态，人们边走边看，大家的情绪都很高涨，相互之间没有任何的摩擦和不愉快，很快，他们就到达终点了。

心理学家由此得出结论，当人们在做一件事情时，心中有目标时更能强化自己的行为，平稳自己的情绪，从而一步步获得胜利。这也就是说，那些铭记初衷的人，在不管遇到怎样的风险，都能心平气和地找到方向，找准地位，化险为夷，而没有目标或是忘记初衷的人，则很容易就陷入环境所制造的困境，把通往未来的路堵死。

世界很大，心中没有方向的人，很容易就会迷路。生理学家研究表明，人会采取什么样的行动，完全是为心中目标所吸引，只有明确了目标，不忘初衷，人才能更好地实现自己想要的一切。

# 7. 心境安宁，卓越的回报终将属于你

卓越也是一种习惯，习惯卓越的人，早晚都会获得成功。而心境不宁的人，即便热衷于追求卓越，也会遭遇难以预料的挫折。

一个人有追求卓越的信心是好的，但努力的过程中，务必要有良好的心态，心境要安宁。一个浮躁的人，是不容易抵达彼岸的。心理学研究表情，事情的成功与否，大部分时间也同心情有着不可分割的紧密联系。

我是一名教育工作者。两年前，一位母亲带着她的女儿前来我的办公室，想咨询下去美国留学的问题。我招呼她们坐下，母亲便开始向她的女儿介绍起来，"这就是咱们事先约好的胡老师。"女儿点头，淡淡地"嗯"了一声。奇怪的是她却从头到尾都没有正视我一眼，如果不是她脸上此刻浮起的笑容，我会以为她一定是对我不满意了。

我仔细打量着身边这个穿着红色线衣的女孩，她露出来的皮肤很白皙，只是脸上戴了一副茶色墨镜，或许是看出了我的疑惑，此时中年妇女说话了，"她是个盲人。"

我顿时一惊，一股酸涩涌上心头，不由得惋惜这样漂亮的姑娘，竟然会是个盲人。但我也不敢流露出太多的同情，生怕这对母女会因此更伤心。知道这个事实，此刻我只觉得这个女孩，她的内心深处藏

着一股坚毅的力量。

母亲向我说起女孩的经历。虽然她从小就知道自己跟别的孩子不一样，但是她却从来没有把看不见这件事放在心上，却比平常的孩子付出了更多的辛苦和努力，为的就是依然要让自己成为一个卓越的人。偶尔有时候她也会为此伤心，但很快就从难过的情绪中恢复出来，并且每一天都比昨天更加用心！她曾说过一句话令这位母亲十分感动，那就是她会平静地接受这个残酷的事实，通过自己的奋斗，让自己更优秀。说到这里，这位母亲语音开始颤抖，情绪显得有些激动。

果然，女孩没有辜负任何人对她的期望。她不但跟正常人一样读书上学，并且还以优秀的成绩从国内某所重点大学毕业，现在，她打算要去美国留学继续深造钢琴专业。所以今天才会来这里向我请教。

听完这位母亲的话，我不觉内心深受震动。我注意到，女孩在我们整个的谈话过程中，脸上始终带着浅浅的一抹微笑，可以看得出来，她的内心仍是十分宁静的。我不敢想她获得今天的成就用了多少时间和精力，因为这样的事对于一个正常人来说，都是非常艰难。但是女孩这份淡定从容的笑容，使我相信她也一定会在美国续写她的传奇。她内心的那股力量，就是冲出一切障碍的最好证明。

我久久不能忘记那位女孩轻松从容的笑容，想到我身边的很多人，他们健康而穿着得体，却常常因为一些小挫折愁眉不展，叫苦不迭。再回头看看这位女孩，她真的比我们的心境安宁很多，她也真的值得拥有更多的幸福。

也许一个人的成功是需要建立在很多的因素上，不单单只是心境上的平静，以及他执着于追求卓越的决心。但起码，这是成功的一个基石。卓越也是一种习惯,习惯卓越的人,早晚都会获得成功。而心境不宁的人,即便热衷于追求卓越,也会遭遇难以预料的挫折。

老人们常说:"心态要放平。"就是指很多时候,心情的好坏会直接影响到事情的进展。所以说,人要活出一份淡定从容,只有这样,才能更快靠近成功;即便不能,也将使自己活得自在一些。

有一位非常有名的魔术师,他表演经验丰富,享誉内外,已经在江湖上红了很多年。

这位魔术师想要挑战一项全新的项目,他想再次向世界证明自己的魅力与能力。但是毕竟这项魔术是他之前所未碰到的,所以表演前多少会有些紧张。甚至,就在要表演的头天晚上,他竟紧张到失眠。

果然,表演过程中,他的腿开始发抖,继而手发抖最后直到全身发抖,或许是想到万一魔术失败,自己的表演生涯也将结束,他的额头都滚下了不少汗珠。

让人没想到的事情发生了,就在观众们屏息以待的时刻,他竟然真的将助手从高高的柱子上摔下去了。瞬间,全场一片哗然。

这位魔术师先是怔了一下,然后尖叫一声,逃也似的离开了现场。

后来,江湖上再也没有关于他的传说。或许,他已经彻底打消了继续从事魔术师职业的念头,到什么地方躲起来了吧。

拥有健康的身体、足够多的金钱、一份甜美的婚姻、和睦的人际关系……或许这就是每个人都想拥有的完美生活。然而,世界是残酷的,上帝也从来不会轻易将所有美好的东西赐予任何一个人。有的人事业成功可是婚姻不顺,有的人感情和睦可是身体不健康……每个人都有自己的苦衷与难处，谁都可以轻易地从生活中挑出许多的不如意。也有的人很想变得卓越，却总是急于求成，心境无法安宁，却不知道，这样只会让自己在追求幸福的道路上，越走越远。

当感觉心情不顺的时候，请你看看天边绚丽的晚霞，看看周围的山川、河流，无论世界怎么变，它们始终安宁地待在原地，为这个世界贡献自己的一份心力。

第七章

**好习惯替换
坏习惯，是你
一切美好的开始**

马克·吐温说，习惯就是习惯，谁也不
能将其扔出窗外，只能一步一步地引它下楼。

# 1. 不改变坏习惯，你再努力也白干

一旦固定的习惯或思维形成，人们就喜欢跟随这个习惯或思维去生活，因此有时候我们会感觉自己的生活毫无新意，新的一天也只是不断在重复昨天的一切。即便有些人想要去改变现状，却很少真正付诸行动。于是，在错误的生活方式中，哪怕一个人再努力，也不一定能让自己进步。

我们都知道，大环境会影响和决定人的发展。但在日常的生活中，人们却很容易忽略环境变化对人产生的影响！比如，一些做法通常情况下是正确的，但在一定的特殊环境下，却有可能收获相反的结果！

我们都知道"扬长避短"是很正确的做法。但却很少有人想到，在某一特定环境下，扬长避短却会是你通往成功的最大障碍！

坏习惯或许对人产生的不良影响只是轻微的，但随着时间的流逝，就会逐渐产生质变。比如，一个长期熬夜的人，他的身体都不会太健康，脸色也会很差。从这里可以得到一个真理，即不管你承认与否，那些看起来微小的坏习惯，将会给你的成功带来非常可怕的障碍。

日本一家食品公司正在进行招聘，一位外表干净整洁、气度非凡

你的习惯是一切美好的开始

の年轻人前来应聘。整整半个小时，负责招聘的人事经理跟他相谈甚欢，对他的一切都表示非常满意。然而，就在这位经理打算正式聘用这位年轻人时，却发现他有一个不好的小习惯——挖鼻孔。经理想到他们毕竟是食品公司，这样的员工坚决不能聘用，于是只好跟年轻人说抱歉。

直到走出公司，这位年轻人都没明白，为什么自己没被聘用，而他一定想不到，就是挖鼻孔那个小小的习惯，使他失去了拥有这份工作的机会。

与及时纠正这些坏习惯相比，大部分人都习惯沉浸在其中，一边继续一边懊恼。有些人甚至觊觎别人的成功，而不从自己的身上寻找失败的原因。这就是为什么人们总会轻易掉入那些阻碍我们进步的行为缺陷中，除非我们能及时意识到它们的存在，并且下决心改正。

研究表明，一旦固定的习惯或思维形成，人们就喜欢跟随这个习惯或思维去生活，因此有时候我们会感觉自己的生活毫无新意，新的一天也只是不断在重复昨天的一切。即便有些人想要去改变现状，却很少真正付诸行动。于是，在错误的生活方式中，哪怕一个人再努力，也不一定能让自己进步。

此时，能否打破思维定式，冲破坏的习惯，就决定了你未来生活的走向。如若不然，你将永远不会从这些坏习惯中逃脱，久而久之，只会让自己筋疲力尽。

有一个人，他渴望通过去健身房锻炼，来让自己拥有一个美好的身材，但奇怪的是，尽管他每天都要在健身房里辛苦几个小时，一个月下来，他的身材似乎仍然没什么改变。时间一久，他开始怀疑是不是自己的身体出了问题，甚至开始想一些不好的事情。有段时间，甚至因此变得疑神疑鬼和抑郁狂躁。

无奈之下，他去看了医生。听完医生的话，他才突然间恍然大悟，原来是自己之前的饮食习惯有问题，所以才会导致自己的付出没有得到相应的回报。回想自己确实每次都在锻炼完后，习惯去饭店吃顿好的奖励自己，他有些不好意思地笑了。

这件事说明，一个人若只注意到自己做得对的事情，而忽略了其他错误的习惯，那么，他的目的将很难达成。虽然这个例子看起来有些好笑，但却是我们大部分人在生活中都会出现的情况。很多时候，我们往往非常重视自己做对的事情，却经常忽略那些微小的坏习惯。所以说，很多时候需要跳出常规的思维路线，打破坏的习惯，才能离成功更近一步。

这个事例也在提醒我们，工作仅仅靠努力是不够的，要让自己时刻保持机警聪明。人的一生是有限的，要想好好利用自己的时间，你需要学会聪明地工作，而不是逼迫自己投入更多的时间和精力——况且人在极度疲惫的情形下，通常是做不好事情的。

理智地认清楚那些妨碍你进步的坏习惯，将直接有利于你聪明地工作。我承认，要你主动观察并且归纳自己的坏习惯并不是一件容易的事。但这确实是你进步的第一步，真正成熟的人理应能够做到愿意走出自己的舒适区，甚至愿意接受这之后的所有挑战——因为，它将使你拥有突飞猛进的能力去做出长久的改变。

我相信你一定听过所谓的"短板效应"，一只木桶最短的那部分，最终决定了它能盛的水，如一根铁链有多强的承受能力是取决于它最薄弱的那一环，我们能进步到哪里，也是由自身最差的那个坏习

你的习惯是一切美好的开始

惯所决定的！因此，每个人都要勇敢地去改善和加强我们最薄弱的环节，只有这样，才能实现我们自身最大的潜能，从而帮助我们在人生这条道路上，更好地前行！

## 2. 你要培养一个好习惯，将坏习惯代替掉

我们在改掉某个习惯之后，总会有另外一种习惯前来替代，以填补空白。因此，我们在开始这项计划之前，一定要有目的选出一个好习惯来替代，这样才能从根本上避免另外一个坏习惯的衍生。

也许你正为自己的拖延症所烦恼，也许正准备去健身却发现抽烟喝酒的习惯不好，也许你正想为了变美改掉晚睡的坏习惯……但是，结果你却发现，这些习惯早已成为你身体的一部分，想一下子就改掉它们真的有些困难。所以，坏习惯其实不是改掉的，而是用好习惯去替代的。

从另外一个方面来说，习惯是不可以彻底被消灭的，生活中我们也常会遇到这样的情况，一个戒烟的人开始喝起了酒，一个不再喝咖啡的人开始疯狂地吃甜品，这是因为，人们在改掉某个习惯之后，总会有另外一种习惯前来替代，以填补空白。因此，我们在开始这项计划之前，一定要有目的选出一个好习惯来替代，这样才能从根本上避免另外一个坏习惯的衍生。那么，看到了好习惯的重要性，你是否已经做好准备，开始迎接挑战了呢？

在你意识到需要有意识地选取一个好习惯时，也就意味着改掉坏习惯会相对轻松一些。比如，你希望自己可以改掉暴饮暴食的习

惯，那么当你想要这么做的时候，就要找一个比较好的习惯来形成代替，不过你千万不能着急，好习惯的形成是需要时间的！科学家就曾说，人类连续进行一项行为 21 天，就能形成一个习惯。所以，在培养好习惯的过程中，你一定要坚持哦！

邓吉是海盗队的教练。为了让自己的队伍变得出色，他常常需要及时地帮助球员们纠正掉他们坏的习惯。他说，球队需要做的事情其实很简单，他们只要做好每天的训练，形成好的习惯，那么到了比赛的时候，就不需要分心去想别的事情，这样速度也会提升很多——这句话的意思也就是说，球员们打球，依赖的正是习惯。

所以邓吉需要做的，只是需要根据球员们脑海里已经形成的习惯，去做一些适当的改变。通常来说，习惯由暗示、惯常行为和奖励组成，想要改变习惯只需要改变一个人惯常的行为即可。需要注意的是，改变习惯也还是需要依托一个人过往熟悉的东西，说白了大多数人也就是凭借所谓的经验活着。

人之所以会形成一个习惯，一定是因为他得到了某种暗示和奖励，因此只要仍保持这份暗示和奖励，你就可以轻易通过改变他的惯常行为，来改变他的习惯——几乎所有的习惯，都可以用这种方式改变。

比如，对于戒烟的人来说，如果他能在嚼口香糖上找到同样的奖励，那么，以后再想抽烟的时候，就可以通过嚼口香糖进行缓解。

最终，在邓吉的训练下，海盗队成为联盟中的一支常胜球队。橄榄球是非常需要快速的运动，因此，邓吉要求队员们反复训练某种阵型，直到他们把过程中的正确动作形成一种习惯。当他们达到这步时，速度就是最快的了。

懂得这些，你可以比别人更早获得成功，你可以更顺利地成就那个理想中的自己。那么，应该要怎样才能做到这些呢？首先你要弄清楚自己想要改变的初衷、目的和方法；其次你要制订详细的计划，并学会坚持；最后你要对一切的后果承担责任。改变是困难的，当你感到悲伤时，请给自己留出一点空间，再多一点鼓励。要记住，好习惯要在生活中培养，更要通过实践来完成。

你的习惯是一切美好的开始

# *3.* 只要找对方法，你养成好习惯就指日可待

当你想要改正你的坏习惯，请记住它是你内心的愿望，从一开始就去寻找正确的方法，一步一个脚印去完成。

生活中常会听到有朋友抱怨说，想做成一件事可真不容易，我想改掉强迫症的习惯怎么这样难？其实不是的，改掉习惯并不困难，觉得复杂只是说明你选择的方法不对。做任何事都是讲求方法的，改变习惯尤其是这样。

记得以前看法国名著《小王子》，里面说到流浪的小王子有天遇到一个酒鬼，他问他干什么，酒鬼回答说，喝酒。小王子又问为什么喝酒，酒鬼回说为了忘却他因为喝酒而产生的羞愧。于是小王子很不解地离开了，他觉得这个酒鬼好奇怪，他不明白为什么喝酒使他感到羞愧，他却还要去喝——而这，正是坏习惯的可怕之处。

刘鑫在一家私营公司上班，她平常对待工作态度也是积极认真，只是美中不足有个坏习惯——拖延症。领导布置的任务，总是要拖到最后一刻，冲刺着完成。为此，虽然她也多次吃了这个习惯的亏，甚至有次还差点耽误整个团队的进程，但却怎么也改变不了拖延的事实。渐渐地，她发现自己之所以会这样，是因为在写文件的过程中，总是会在敲下几个字之后，就去刷微博，看手机，跟朋友聊天一聊就

是好几个小时……眼看着，其他同事都在上班时间内完成了工作，她却总要拖到下班。

为此，她多次下决心一定要改掉这个坏习惯。但在改变自己的这条路上，刘鑫走得并不顺心。

年终到了，公司评选优秀员工。刘鑫所在团队的其他五人均因为表现良好，而被奖励了 3000 元的奖金。而刘鑫，却因为过度拖沓，导致整个团队业绩下滑被老板狠狠地批评了一顿。当着全体员工的面，这让刘鑫为自己感到难堪。

第二天，刘鑫就主动打了辞职报告。

看看，一个做事拖延的习惯，最后竟让刘鑫丢掉了工作。分析这件事的原因，是刘鑫本身的自控能力不强。现实中，也有很多这样的情况：本来昨天制订好了计划，可到了今天忽然间不想干了；又或者你原本可以把视频制作得更精细一些，但却因为抱着做不好也没人指责的想法最后就这样算了……久而久之，你也会因为自己没有努力过，而无地自容。改变这种心情的最好办法，就是及时发现你的坏习惯，选择正确的方式，去把它改正！

这个寒冬对于徐默来说，简直是一个开满了鲜花的春日——因为他在某个培训班里，邂逅了一份美好的爱情。为了追求那个外形靓丽、青春活泼的女孩，徐默决定减肥，彻底改掉自己暴饮暴食的坏习惯。

一开始，这件事确实非常困难，每当他想吃汉堡、鸡腿那些垃圾食品时，他就习惯性地拿出那位美丽女孩的照片看看，然后想象着这样一位身材姣好的佳人，如果旁边站着像自己这样的一位胖子，那画风该是多么诡异！他对自己说，你一定要以潇洒帅气的面貌出现在她的面前！

为了改掉坏习惯，他坚持每天不吃饭只喝水，因为这使他觉得不会增加体重，但由于长时间得不到人体所需的营养，三天之后他竟然饿晕在办公室里。同事们将他送到医院，医生听了他的解释，告诉他说想要保持身材是对的，但要选择正确的方法，急于求成只会让身体更差！

从那以后，他坚持每天抽空去健身房锻炼，并且风雨无阻；也将一日三餐全部精简，只补充人体需要的最基本的营养元素，经过半年的努力，他的体重终于控制在了140斤以内。当他换上新衣服的那一刻，他简直不敢相信自己的眼睛！镜子里出现了一位风流倜傥、身材匀称的男青年，掀开上衣，他竟还拥有了每个男人都非常渴望的八块腹肌，要知道这不是所有人想有就能有的！

虽然，到最后他也没能成功追求到那位心仪的女孩，但多年来抽空健身、健康饮食的习惯却一直保留了下来。用他自己的话说，他已经享受了那种付出的感觉，享受这两种好习惯给他带来的美好生活。

只要找对方法，养成好习惯指日可待。寻找正确的方法，第一，先从最容易的事情做起，开始不要给自己设定太难的目标，从小事着手，比如，养成记笔记的工作习惯，每完成一项就在后面画个对钩等；先不要因为着急，就去走捷径，像上文里的徐默为了减肥就不吃饭的做法非常不可取。第二，每天监督自己完成任务，成功的秘诀在于去做，而不是你对自己的承诺；每天坚持完成，你会发现自己内心的喜悦，而这种喜悦也会反过来促使你更喜欢去坚持。第三，不要积攒太多的事情。事情太多会令人倍感焦虑，从而出现忙中出错的事情，要把心态放平稳，踏踏实实地去执行。

当你想要改正你的坏习惯，请记住它是你内心的愿望，从一开始就去寻找正确的方法，一步一个脚印去完成。

# *4.* 你的坚持，是养成一切好习惯的保证

下一个培养好习惯的决定，或许很简单，但要将这个决定实现，你还有很长的一段路要走。贵在坚持，任何好的行为都需要坚持。

"Rome was not built in a day"，这句话直译是"罗马不是在一个白天建成的"，意思是说不是在白天建成的，而是在一夜之间（也就是一个晚上）建成的。但后来随着时间的推移，这句话才演变成了今天的意思，是说每一项重要的成就都不是一天得来的，而是经过很多人的努力，或是花费了很多的时间，才最终实现。

同样地，一个好习惯的养成，也需要时间。

明朝著名文学家张溥，在年幼的时候并不聪明，甚至还有些笨，他总是记不住书上的内容，为此他决心想个办法让自己"变聪明"。

每天放学后，张溥都留在教室里用功读书，老师看到他这么用功，就问他为什么不出去玩，张溥的回答是："我的脑袋笨，看了书就忘，所以只能笨学，别的小朋友读一遍我读十遍，这应该能行了！"听完他的话，老师觉得很是欣慰。

果然，一段时间后，张溥的课业成绩有了不小的进步，为此，他决定继续努力。

一天，老师在课堂点名要张溥背诵课文，他站起来很有信心地开

始背诵，前面几段还算流利，但是到了后面开始磕磕巴巴，最后干脆一点也不会了。老师很生气，让张溥回家把课文抄写十遍。第二天，老师又让张溥背诵，没想到他竟完整无误地全部背诵下来了。

张溥忽然灵机一动，原来抄写可以帮助记忆啊！从那之后，老师布置的功课他全部都抄写下来。就这样日复一日、年复一年，经过多年的刻苦，张溥终成为很有名望的文人。成名之后，为了纪念当年，他把自己的书房命名为"七录斋"。

下一个培养好习惯的决定，或许很简单，但要将这个决定实现，你还有很长的一段路要走。贵在坚持，任何好的行为都需要坚持。树立一个习惯一般需要 21 天，所以，就算过程再痛苦，你也要让自己坚持至少 21 天。

或许我们都有过这样的体验，你在跑步时，一开始是你有意识地控制自己去跑步，然而等跑的时间大大超越了你的身体极限，接下来你就会进入惯性的跑步。培养一个习惯也是如此。最开始的坚持是不快乐的，甚至是痛苦的，但无论如何都请你坚持下去。现实生活中也确实有很多人"死"在了没有坚持这件事上，可谓功亏一篑，非常惋惜。

小明为了提高自己的知识储备量，决定每天阅读 30 分钟。当时正值暑假，他几乎有两个月的时间可看书。最初的几天，小明在阅读的时候很难集中精神，总想着去看会儿电视，或者找小伙伴们踢足球，但都被他强烈地克制住了。原本以为事情会顺利地发展下去了，孰料一天在阅读的时候，小明发现了许多生僻字，这让原本就不太喜欢阅读的他，更有理由说服自己去做别的事了。

果然，后面的假期小明一天也没有阅读了，而是随着自己的喜好，整天都跟小伙伴们在一起玩。临到新学期伊始，他才发现自己的知识储备量一点都没提高，写作能力也还是那么弱，他感到十分羞愧。

行为心理学研究表明，21 天以上的重复会形成习惯，90 天的重复会形成稳定的习惯。这就是说，你有意识地做同一个行为保持 21 天以上，以后就是惯性在支配这个行为了。习惯的养成一般分为三个阶段：

第一个阶段：7 天左右，此时的特征是"刻意，不自然"，你需要刻意提醒自己做出这样的行为，会明显感觉不舒服、不自然；第二个阶段：21 天左右，此阶段的特征是"刻意，自然"，虽然你已经显得比较自然，但还是需要刻意提醒自己，以免稍不留意又回到以前，上文中的小明，就是因为感觉没有继续刻意提醒自己，导致又变成原来的样子；第三个阶段，也就是你即将迎来曙光的阶段，此阶段的特征是"不经意，自然"，其实这就是习惯了。

人们常说，"好习惯，好人生"，是因为有了好的生活习惯，才能拥有一个健康的身体，也才能更好地去奋斗，用热情迎接人生中的风雨。古人也常说，"江山易改，禀性难移"，想要做出改变，本身就不是一件容易的事：要成功，就立即改变。

这里有几个简单的方法，可以更好地帮助你完成改变：

坚持 30 天，无论如何都要坚持，所谓"罗马不是一天建成的"；做记录，把你想改变的初衷以及每天改变的效果记录下来，事半功倍；保持一致：保持你目标的一致性，不能今天减肥，明天变唱歌；了解收获，每天跟进自己的执行效果，做得好要及时给予奖励，做得不好要提出改进方法，鼓励自己再接再厉。

总之，要想培养出好习惯，一定要学会坚持。

## 5. 小处着手，是你培养好习惯的切入口

习惯养成的本质是，用一个新的习惯去替代旧的习惯，因此当你在培养新习惯时，也要提醒自己及时把注意力放到新习惯上。这样，做和想才不会是两码事，影响到好习惯的最终形成。

这句话的原文是，"小处不渗漏，暗处不欺隐，末路不怠荒，才是个真正英雄。"说的是做人做事，即便是最细微的地方也要认真做好，不可粗心大意。俗话说，"一个人的时候，就是看到此人真正品德的时候"。很多人是表面君子背地小人，只会在没人听见没人看见的地方，做些蝇营狗苟的事。而这里是说做人要严格自律，不管任何情况下，都不能做坏事；哪怕是处在贫困的环境里，这样的人才算是一个真正的英雄。

好习惯的培养，也需要"大处着眼，小处着手"。

英雄未必都是做大事的人，但一个人的成就，却都是靠平时点滴的行为累积而成，有时，一个人事业的成功与否，就取决于他是否能很好地处理细节问题，"千里之堤，溃于蚁穴"说的正是这个道理。

在每个人的生活中，习惯是无法避免的，每个人的生活在很大程度上都依赖着习惯，仔细观察下你就会发现：你通常会去哪家饭馆吃饭，去哪家超市买东西，甚至喜欢坐在公交车的什么位置，这都是一

你的习惯是一切美好的开始

种习惯。同时，这也决定了，我们无法在短时间内就改变这种行为与习惯，而是需要一点一滴地循序渐进。

《伊索寓言》曾讲过这样一个小故事：羚羊妈妈有两个孩子，一个孩子乖巧懂事，一个孩子叛逆倔强。为了教它们学会如何保护自己，羚羊妈妈每天都训练它们跑步，并鼓励赛跑。一只羚羊很乖巧地照做了，无论刮风下雨，都在草原上勤奋地练习着；而另一只羚羊则拒绝这么做，只练习了几天就放弃了。

羚羊妈妈苦口婆心地教育它半天，它也不听，还一直不停地嘟囔着："有什么好跑的，又没有猎豹老虎！"羚羊妈妈哀叹一声："要是真有豹子老虎来，你再跑也是来不及了！"可惜小羚羊依旧不听妈妈的话。

有一天，草原上刮起了一阵飓风，羚羊妈妈远远地看到了一只猎豹正朝着它们飞奔而来，"孩子们，快跑！"它一边跑一边大喊着。那只乖巧的小羚羊立即飞奔起来，很快就把猎豹甩在身后；而那只叛逆的小羚羊，却最终因为没有经过训练，体力不支，成了猎豹的晚餐。

没有"防患于未然"的小羚羊，就是这么可怜的下场。由此可见，舍弃不好的旧习惯，逐渐树立全新的好习惯，人生才能有未来。那么，该如何从小处着手，改正自己的坏习惯呢？

第一步，给自己一周的时间，比如你想培养早起的习惯，只需要每个晚上按时提醒自己要早点睡觉，基本就可实现；需要注意的是，一次只能树立一个习惯，树立太多很容易使自己分神，也不利于最终实现；

第二步，每次只做出一点小改变，不要贪图求快，希望自己一次就把所有不好的地方全部改正，还是早起的事，比如第一次可以设定早起半个小时，随后一个小时，循序渐进；

第三步，及时跟自己反馈进度。心理学研究表明，如果一项行为没能获得及时的反馈，那么人们坚持这项行为的信心也会有所降低。好的效果可以帮助人们，更好地完成计划；就算结果不满意，也可以及时调整，顺利发展；

最后一步，也是很关键的一步，转移你的焦点。习惯养成的本质是，用一个新的习惯去替代旧的习惯，因此当你在培养新习惯时，也要提醒自己及时把注意力放到新习惯上。这样，做和想才不会是两码事，影响到好习惯的最终形成。

总之，改变不是一蹴而就的，需要坚持的同时，更需要时刻注重细节上的问题，做到"从大处着眼，小处着手"。

你的习惯是一切美好的开始

## *6.* 唯有坚韧，你才能最终改掉坏习惯

改变习惯是一个艰苦漫长的过程，需要付出很多毅力。很多事情的成败，也许就取决于那最后的一段时间。所谓量变产生质变，要去坚持，才能看到最后的效果。

成功不难，改变习惯而已！改变习惯不难，有毅力而已！古书上说："故天将降大任于斯人也，必先苦其心志，劳其筋骨，饿其体肤，空乏其身，行拂乱其所为，所以动心忍性，增益其所不能。"人只有经受过痛苦，才能变得顽强。哪怕是再小的事情，也需要拥有坚韧的力量才能完成。

想要改变自己的坏习惯，也需要拥有坚韧的力量。

本杰明·富兰克林说："一个人一旦有了好习惯，那它带给你的收益将是巨大的，而且是超出想象的。"他在年轻的时候，为了树立良好的习惯，专门给自己制订了如何改掉坏习惯的计划。一开始，计划执行得并不十分顺利，因为习惯是有惯性的，人们已经习惯在那种特定的"舒适区"生活。为了改正自己好夸夸其谈的坏习惯，他强迫自己保持沉默，不管是在人群中还是独处，都会找各种事做——他认为，人一旦忙起来，就没工夫说话了。正是凭借这样的一股毅力，他成功地戒掉了这个坏习惯，转而收获的是在别人夸夸其谈的时间

里，他发表了很多著名的政见，参与了多项重要文件的草拟……为了保证能有更多的时间学习，他甚至在计划中严格地规定了几点起床，几点吃饭，把每个细节也都安排得妥妥当当。后来，他又在朋友的提醒下，用同样的毅力改掉了自己惯有的"骄傲"情绪。

在改正的过程中，更是严格要求自己，没有改彻底的习惯，他都会再给自己一周的时间。最终他成为美国著名的政治家、物理学家，同时还是出版商、印刷商、记者、作家、慈善家，更是杰出的外交家及发明家。法国经济学家杜尔哥评价他："他从苍天那里取得了雷电，从暴君那里取得了民权。"

社会残酷，优胜劣汰。在今天的社会，一个人想要活得很好，就必须要培养出好习惯，即便是很小的细节，也会改变一个人的一生。有些公司在招聘新人时，就非常看重应聘者的个人习惯。比如，有个大学生去参加面试，其他人都是行色匆匆地走进面试官的办公室，他却在即将进去之前，先敲门问了一声，就是凭借这点，成功地拿到了职位。可以说，好习惯能使自己受益无穷。

改变习惯是一个艰苦漫长的过程，需要付出很多毅力。很多事情的成败，也许就取决于那最后的一段时间。所谓量变产生质变，要去坚持，才能看到最后的效果。

为了提高自己的高数解题能力，一个学生每天都会给自己布置三道数学题。随着时间的流逝，当他掌握了这种难度的题型，他又开始给自己布置更高难度的题目。但这次却不巧卡壳了，他没能顺利解开。但他没有放弃，而是选择回家温习基础知识，熬着时间慢慢思考，终于，经过一天的努力，题目全部解开了。从那以后，他领悟到，做任何事都需要坚持，需要毅力。

经过这件事，他最终形成了每天都要解答三道难题的习惯，更难能可贵的是，他养成了随时都要挑战自己的好习惯。很多年过去了，他也成为一名优秀的人才。而这，全部得益于他对自己设立的目标，以及习惯培养中坚决不肯放弃的一股坚韧的毅力。

很多人都知道老鹰是世界上寿命最长的鸟类，但却极少人知道它为了达成这个目的，所需要付出的代价有多惨痛。老鹰一生可活70岁，前提是要在40岁的时候经历痛苦的磨炼。原来，老鹰40岁时，爪子开始逐渐退化，再也不能敏锐、快速地捕捉到猎物；而它的嘴巴也开始变长变弯曲，对于进食也是相当的困难；最可怕的是，它双翅开始加重，大大降低了自己的飞行能力。等待它的只有两条路，等死，或者进行一场相当艰难的磨炼。

它必须拼尽全力飞到悬崖上，在那里筑巢，然后用喙狠狠地砸向山崖上的岩石，直到整个喙全部脱落，这中间甚至会出现流血、喙断裂等凄惨的景象！待新的喙长出来以后，它要用喙咬住指甲一只只拔掉，再将全身的羽毛全部拔光。这种撕心裂肺的疼痛要持续5个月，等到羽毛重新长出来，它才能开启又一轮的飞翔！

想想吧，那是一种怎样的疼痛！但是为了延长自己的寿命，老鹰做到了。虽然每个环节都需要付出很大的决心和努力，但是，成功就是对勇敢和坚韧最好的奖励！

对于我们来说，改变习惯就像老鹰"自残"那样，是一个很艰难的事。但是，这种改变带来的人生，却是充满了喜悦的涅槃的人生。不要忘记，人总是要长大的。不管前方有多少风雨，每个人都应该通过改变自己，去拥有更加美好的未来。

成功是每个人所渴求的，但却并不是每个人都能有幸拥有。只有那些有毅力做出改变的人，才能真的笑到最后。

# 7. 你的时间有限，没有任何拖延的资本

拖延是最具破坏性的，也是最危险的恶习，它使你丧失掉主动的进取心。一旦开始遇事推脱，你就很容易再次拖延，直到它们变成一种根深蒂固的习惯。

很多时候，人们总是在工作中跟自己说："我明天再做它，我还有时间，或者是明天以后的某个时间。"拖延似乎成了很多人的一种习惯，而且这绝对不是一个好习惯。那么，既然大家都知道拖延不好，为什么还要拖延呢？其实导致拖延的原因并非那么简单，看似一个简单的习惯，却包含了多方面的内容，比如可能是因为对未知事物的恐惧，或者是因为害怕改变，也可能是完美主义导致，还可能与害怕失败有关……

不论出于何种原因，拖沓的结果都是一样的，它会让你的工作永远处于未完成状态，可想而知，一个总是不能按时完成工作的人，会受到怎样的对待？可以说拖沓是最危险的恶习，它会毁灭你的一生。

在伦敦郊外，有一个小村子，那里空气清新，风景宜人，有一对老朋友克里和戴维生活在那里，他们的房屋相邻而建，每到春暖花开时，二人就会结伴去不远处的山谷看一看，那里山花与松叶所散发的清香弥漫，让人神清气爽。

不过，让两位老人不尽兴的是，在通往山谷的路上，总是有一棵胡杨树挡在路中间，每次开车路过时，他们不得不小心翼翼地绕过它。有一次，克里又与戴维相约去山谷采些野菜，在路过那棵讨厌的胡杨树时，他俩异口同声地说："不如我们把它砍掉吧！在这儿实在是太讨厌了。"

两人相视一笑，说："这的确是个好主意，不如我们明天就带着工具开始干吧！"

第二天，克里早早地就起来，去叫戴维一起去砍树，可是，戴维说："哦，对不起，老伙计，今天我有一件非常重要的事情需要处理，所以……"

克里笑了笑说："好吧！那我们过几天再去吧！正好明天我也有些事情需要办。"

然而，相约的时间到了，他们还是没有去做这件事情，因为这次是克里有事情要忙。

就这样，这件事情似乎被无限期拖下去了，因为每次二人谈及此事时，他们都会有一些意外的事情要去处理。时光荏苒，光阴似箭，一年、两年、五年、十年、二十年……他们50多岁时想做的事情，直到两人两鬓斑白还没有做成。有一天，二人再次在树旁相遇了。

克里说："老伙计，我们真的应该把它砍掉了，要不然兰迪和麦克（他们的老朋友）他们会在这儿出事的。看，这家伙的体形越来越大了，占据了半条路的空间。"

戴维看着眼前这棵已经长得粗壮如柱的胡杨树说："噢！时间过得真快啊，我们都还没来得及砍掉它，它已经长这么高大了，而我们却苍老成这样了。我估计现在即使拿起电锯都不一定能够办到了！"

果然，当他们费劲地把电锯拿到树下时，已经累得上气不接下气，哪里还有力气去锯那棵参天大树。

我们不得不借用一句谚语，为什么是明天，今天不行吗？如果这两个人能够真正懂得这句话的含义，那么，估计在胡杨树还足够小，他们还足够强壮时，早就把这件看起来并不是什么难办的事情解决了。拖延给予人最大的好处就是，不用立即去行动，而拖延给人的惩罚也十分严厉，让你想做事时已无力完成。想想，这时你的内心应该是怎样的焦躁、悔恨和无奈。

成功呢？永远也不可能在一个总是拖延的人身上发生。可以说，拖延是最具破坏性的，也是最危险的恶习，它使你丧失掉主动的进取心。一旦开始遇事推脱，你就很容易再次拖延，直到它们变成一种根深蒂固的习惯。

估计大多数人都曾无数次地安慰自己说：一切还不晚，还有时间，在最后期限到来之前，我可以完成它，明天不行，还有后天，实在不行，往后拖两天应该问题不大。结果，问题就出现了，当你决定冒险在最后的时间完成时，才发现后来来了突如其来的事情，再没有时间做昨天安排的工作了，就这样一日拖一日，最终将本能很早完成的事情，拖成了无限期。

诗人歌德告诫我们："我们拥有足够的时间，只是要善加利用。如果我们一味地找借口为自己开脱，那我们就会被时间抛弃，就会成为时间和生活中的弱者，一旦这样，我们将永远是弱者。"

可见，拖延是成功的拦路虎，也是你走向成功的劲敌。拖延让你曾经的理想最终变成不切实际的幻想，拖延还会使你丢失今天，而永远生活在"明天"的无望期待之中，拖延会使你养成懒惰的恶习，成为一个只知抱怨，而失去所有机会的失败者。

陆敏大学毕业于中国政法大学，所受的教育自不必说，不止如此，陆敏本身也是才华横溢，不仅专业出色，而且还擅长写作、绘画等。毕业后，他很顺利便被一家世界500强企业录用，做起了公司的法务专员。

本来以为在这里他肯定是做得如鱼得水，很快便能获得升迁。不料，几年过去了，陆敏还是一个法务专员，甚至有被公司解职的危险。这是怎么回事呢？原来，自从进入公司后，他就开始经常在私下里抱怨说，自己就是为资本家打工，自己累死累活地工作，结果也拿不到多少钱，剩余价值都被老板赚走了，他是老板的剥削对象，所谓的敬业就是老板剥削员工的手段，忠诚是管理者愚弄下属的工具。

心里装着这样的念头，可想而知他的工作热情也高不到哪里去，整日总是借口一大堆，上司安排的工作从来不会积极主动地去完成，而是对于这些工作任务总是推辞拖延，从来都没有按照公司的要求完成过，有的时候他甚至是在被迫和监督的情况下才能正常地工作。在工作方面，他始终都是敷衍了事的态度，从未想过这是证明自己能力和价值的途径。

当然，在竞争如此激烈的工作环境之下，他的工作态度很难得到公司的认可，估计没有将他立即开除，也是考虑到他本身的条件不错，是个可造之才。可是，公司毕竟不会让这种对待工作消极的人长待下去的。

拖延这个坏习惯，不仅会影响你的个人生活，而且会影响到你的事业，因为一旦在工作中表现出来，就会让你错过机遇，加班加点，压力，折磨，抱怨，内疚就是最终一连串的后果。所以，当你徘徊不前而手足无措的时候，就是在提醒你，你很可能在拖延工作。而每当这时，你应当及时，立即警告自己：永远不要想，我知道了，先把上级派的事情放一下，等这集电视剧看完再说。

如果一旦你这样想了，那么大多数情况下，你会忘记，或者来不及，因为这件事需要比你原先想象的要更多的时间。立即行动，一直是很好的习惯，也是治愈拖延的最好"良药"。比如，如果你想起床，你要做的并不是想"如何提高起床能力"，而是直接坐起来即可；如果你想读书，你要做的不是想自己该读哪本书，而是拿起离你最近的那本，并且翻开看就是了；如果你想学习，你要做的不是等有时间再去报个夜大或者什么进修班，而是立即开始研究知识的框架，开始想自己到底哪里会、哪里不会，并有针对地去却学就可以了。

只要开始做了，并且一心想着如何做好这件事，就做下去了。就跟吃饭睡觉一样自然。

此外，克服拖延的习惯，并不是不能实现的，关键就在于你是否意志坚定，如果用内在意志去激发自己完成一件事情，不管事情大还是小，都不是不可实现的。问题就在于，很多人在性格中缺乏这种意志，所以才导致你离目标和计划越来越远。

正如哲理名言"改变自己，你就改变了世界"所说的，你若想一切好起来，那么，就立即开始改变。众所周知，萤火虫只有在振翅的时候，才能发出光芒。不要把今天的事情留给明天，因为明天还有明天未可知的任务。

你的习惯是一切美好的开始

## *8.* 告别厌倦情绪，你的激情是你成功的动力

激情是一种强烈的激动情绪，一种对人、事、物和信仰的强烈情感。可以说，激情是实现愿望最有效的工作方式，只有那些对自己的愿望有真正激情的人，才有可能把自己的愿望变成美好的现实。

最近在微信的朋友圈中广泛流传着这样一段话："永远不要因为工作辛苦而辞职，如果你讨厌或者厌倦你现在的工作，换工作不是最根本的解决办法；不会游泳的人换个泳池也没用，根本的办法是改变自己的态度。这个世界上没有任何一个平台叫'钱多、事少、离家近'。你对工作付出几分，工作就对你回报几分；如果暂时没有回报，只能证明你付出得还不够！唯累过，方得闲，唯苦过，方知甜；用尽心机不如静心做事，相信自己胜过依赖别人。"不知道你在看到这段话时会想到什么？

是不是你此时正因为对工作产生了厌倦情绪而打算跳槽？是否你觉得让你对工作厌倦的原因，就是因为老板苛刻，同事不睦，工作辛苦……其实，这一切都不是根本原因，根本原因就是你对待工作的态度变了，从一开始的激情四射，到现在的得过且过，因为对自己没有要求，让你在工作中庸庸碌碌，无所作为，而不甘于现实的你，却认为这些都是别人造成的。

人本身就有一种趋利避害的天性。任何事情都希望从有利于自己的一面去思考，一旦这样，你就会错过发现问题本质的机会，如此你就永远不会明白事情的真相。就比如对待工作这件事情，不明就里地跳槽，结果是越跳越糟，最后你只能看着与自己一同踏入职场的人个个风生水起，而只有你还在苦恼地一次次从头做起。

人生能有多少次从头再来的机会，人生的长度不过几十年，而能够在工作中建功立业的时间更是短而又短，你与其把大好时光花在如何讨厌和厌倦一件工作之上，不如拿出一百二十分的热情去做好现有的工作，我就不信，这世界上没有努力和专注做不好的事情。

李雪是一家装修公司的设计师，说起来这个职业也算是个高薪的职业，也随着人们对装修设计的认可度越来越高，设计师算是个非常有前途的职业。然而，最近李雪感觉挺苦恼的，她在设计这一行做得力不从心，很想转行做其他的。但是，其他行业她又没有设计这一行有经验，结果，转了一圈，还是在设计这一行。

李雪 2009 年毕业，迄今为止参加工作已经有六年多的时间。毕业之初，由于大学学的是设计专业，所以李雪很幸运地在一家比较大的装修公司负责设计方面的工作。结果因为大公司分工很细，她根本没有学到什么。后来通过朋友的介绍，她成功地跳到了另一家较小的设计工作室。

与之前的大公司不同，工作室最大的好处，就是每个人都可以有充分展示自己才华的机会，在这样的环境下工作更能锻炼人。而且在这里，她第一次体会到了通宵达旦工作的乐趣和苦衷。因为工作强度大，有时候需要连续加班，几天几夜下来，小伙子胡子拉碴，女孩子则一个个像黄脸婆。李雪担心自己还没嫁出去就已经"人比黄花瘦"，所以就又换了一个公司。

不过，不论怎样换，她仍旧脱离不了设计这一行。这不，新公司仍旧是做设计师。众所周知，设计师这个行业就是工作时间不可能规律的，在新公司她仍旧会经常加班到半夜，然而再拖着疲倦的身体搭一个小时的地铁、公交到家，常常是睡不了几个小时，就被早起的闹钟叫醒了。最近李雪常常自问：我梦中的理想事业到底在何方啊？但是，无奈的现实又再三告诫她说：你已经不是任性的小孩，房还在供着，车子还未买，每天24小时工作还不够，哪有时间顾影自怜？

其实李雪的郁闷，并不是孤独存在着，这也是在大城市打拼的很多年轻人的现状：当工作进入一定阶段，工作倦怠就会出现。为此，李雪到专门的职业规划中心做了咨询，希望专家能为自己找出最适合自己的职业。

经过一番了解和深入的交谈，李雪发现自己其实还是挺喜欢设计这一行的，而且她的性格和天赋都与这一行相匹配，只是她过高的期望与现实有一定的差距，再加上朋友、家人的一些偏见，影响了她工作的激情。

因此，专家建议她给自己制定一个适当的职业目标，其次就是调整好自己的心态。一段时间后，李雪竟然和以前判若两人，重新找回了生活的激情。不久，因为工作出色，加之在公司的资历，她被提拔为设计部的负责人。

频繁换工作，不如静下心来换思维，思维转变了，对待工作的态度自然就不同。当你重新认识并深知自己最适合做什么，想要的是什么，你就不会被一些外界因素干扰，只顾朝着自己既定目标前行，哪怕有时候是会经历一个阶段的职业沉寂，但这并不是说你在退缩、萎靡，而是一种厚积薄发，一旦条件成熟，就会立即一飞冲天。

　　只不过，在这之前，需要你和工作中的厌倦情绪说再见，以充分的激情和热情投入到工作之中，带着激情去工作，就能将全身的每一个细胞都调动起来，完成内心渴望完成的工作。激情是一种强烈的激动情绪，一种对人、事、物和信仰的强烈情感。可以说，激情是实现愿望最有效的工作方式，只有那些对自己的愿望有真正激情的人，才有可能把自己的愿望变成美好的现实。

　　时刻记住：带着激情，工作才会成功，生活才会多彩，才会扭转乾坤。

第八章

立即付诸
行动，任何好习
惯你都能拥有

　　就像有人所说的，掌握自己才能掌握一
切。战胜自己才是最完美的胜利。一个能够
严格自律的人，才能最终告别空想，才能改
变"每天晚上睡前千条路，醒来依旧磨豆腐"
的人生状态。改变虽然难，但是不去行动，
那就永远不会有所成效。

# *1.* 改掉坏习惯，你必须立即采取行动

就像有人所说的，掌握自己才能掌握一切。战胜自己才是最完美的胜利。一个能够严格自律的人，才能最终告别空想，才能改变"每天晚上睡前千条路，醒来依旧磨豆腐"的人生状态。改变虽然难，但是不去行动，那就永远不会有成效。

空想家和行动者最大的区别就是，前者只想不做，而后者则是现在就开始做。习惯的改变同样是这样的，如果你总是在心里默念，我一定要改变，我要改变，那么，你身上的坏习惯或者恶习不会减少，而且还会再多一个。只有从认知到行动达到高度的统一，你才有可能让自己变得优秀。因为能够立即改变自己的人，本身就是优秀的。

那么，如何才能从空想家变为行动者呢？

可以这样安排，从现在起立即尝试着做一点儿你原本讨厌的事。不明就里者可能觉得这样做似乎有些不合逻辑，看上去就觉得热腾腾地在"冒傻气"，这样做的人估计是自虐倾向比较严重吧。果然是这样吗？看完下面这个故事，你就不会再有这样的想法。

梅耶像现在大多数的年轻人一样，非常讨厌早起，每天早上定的闹铃在那里声嘶力竭地打算叫醒这位主人，却每次都以自己的"疲于拼命"而终结。因为梅耶每次都会极不情愿地从被窝里探出一只

手，愤怒地将闹钟按掉继续睡去。可怜的闹钟，这关它什么事情，每天都被这样无情地拍打。

结果是，当梅耶终于在起与不起之间挣扎过足够的时间后，他才像被泼了头冷水似的，立即以冲破人类极限的速度，从被子里跳出来，再风一般完成穿衣、洗漱等一系列上班前必备动作，因为马上就要迟到了，这个月他已经迟到了不下五次，再继续这样他估计离炒"鱿鱼"的日子就不远了。想想在经济不景气的今天，找一份工作会有多么不容易，何况他每个月还要还房贷和卡债。

每当想到这些，梅耶就恨不得扇自己两个巴掌，因为哪怕他每天能够早起几分钟，他就能够从容地坐在餐桌前吃完早餐，然后精力充沛地一路慢跑到公司，不仅不会迟到，还会让自己看起来身体更加健康起来，虽然年纪轻轻，免疫力却低得要命，一个月有三四次感冒、发烧的经历。最糟糕的是，疲软的身体和消极的态度让他的工作看起来非常没有效率，每到月底领工资，看着别人拿着比自己要多得多的奖金，他就恨自己，这些钱要是他的，他就可以做很多喜欢的事情，比如那套喜欢了不知多久的钓鱼装备就可以直接拿下。

偶然间，他看到了这样一段话，让他决定改变自己。那是马克·吐温的一段关于人要懂得自律的看法，他说："关键在于每天去做一点自己心里并不愿意做的事情，这样，你便不会为那些真正需要你完成的义务而感到痛苦，这就是养成自觉习惯的黄金定律。"

梅耶显然受到了震动，他决定试试，从最痛苦的起床开始改变，并且打算先坚持一个月。可想而知，对于习惯于睡懒觉、赖床的人，早上在床上的每一分钟都是多么地令人珍惜，很多次他都又迷迷糊糊地打上几个盹儿。

可是一想到一团糟的生活和工作，他还是起来了，就这样，他每天比闹钟提前几分钟睁开眼睛，开始有条理地打理自己的早上时间。之后，便轻松地走出房门，慢慢跑步到公司，第一天没有踩着时间上班，让他感觉好像真的挺棒的，他可以坐下来整理一下凌乱的办公桌，理理一天的工作头绪，接下来的好事情接二连三，先是上司夸他在某项工作上想法不错，之后是自己中午不再像之前那样犯困，下午工作起来就精神抖擞，最后，临下班前不仅将一天的工作提前完成，还有一些时间为隔天的工作做了安排，他的工作好像一下子变得轻松了许多，而不是每天像要去打仗似的，总是手忙脚乱，错误百出。

当然，早起几分钟做起来并不容易，好几次他都想要放弃，可他牢记心中的是，必须强迫自己坚持一个月！结果，他做到了，一些意想不到的事情也就开始发生了。

他居然拿到了一笔不菲的奖金，身体也变得强壮起来，这个月似乎没有感冒过，起床也变得不再那么艰难了。之后的日子里，虽然早起依旧有点儿费劲，但似乎可以克服。一切都变得越来越容易，越来越自然，直到他竟然不再需要闹钟，然后会自觉醒来，并开始觉得每天的慢跑之旅是一种享受。

之前梅耶也试着想改变过，却每次都失败，每次都是想得多，基本没有做。如今他着实完成了从空想家到行动者的完美转变。早起几分钟成了他的一个习惯，也成了他日常行为的一个部分，他不用强迫自己，而是变成了自然而然的习惯。

就像有人所说的，掌握自己才能掌握一切。战胜自己才是最完美的胜利。一个能够严格自律的人，才能最终告别空想，才能改变"每天晚上睡前千条路，醒来依旧磨豆腐"的人生状态。改变虽然难，但是不去行动，那就永远不会有成效。

　　只有严格控制自己，让自己行动起来，一切才皆有可能。

　　世间万事万物虽然各不相同，但终究引其向善、向好的方向发展的道理是相通的。你们说呢？空想家们！

## 2. 只要你相信自己做得到，你就一定能做得到

改变其实只在于你相不相信能够做到，只要你相信，并愿意付出努力，那么，再顽固的恶习或者坏习惯都会被你从身上剥离，你终有一天能够让自己变得出类拔萃。而这一切得益于你把自己的潜能激发出来。

人最怕的就是低估自己和否定自己，当你认为自己肯定不能完成某件事情时，那么你注定会失败，当你总是感觉自己无法说服自己去做出改变时，那么你永远也不可能行动起来。人的潜能有多大，只有那些敢于释放自己，为自己松绑的人才能知道。

就像60年前，如果罗杰·班尼斯特一直抱着人不可能在四分钟内跑完一英里的想法，那么，他也就无法成为第一个冲破"四分钟障碍"的第一人。

事实是，班尼斯特在1954年5月6日，他突破了"四分钟障碍"，当天的那场比赛，直到今天仍然被誉为"神奇的一英里"。不过，这个传奇故事的最关键的部分并不在此，而是在于他之所以能够打破这个障碍，是因为他一直不相信这个魔咒，并坚信自己有足够的潜能来实现这一目标。

班尼斯特就是想用自己的行动来告诉世人，他在实现这一突破

时，只不过是在释放自己的潜能，他希望每个人都能意识到，他能够做到的四分钟内跑完一英里，其他人也有可能做到。

结果呢？在罗杰·班尼斯特创造出这个纪录仅仅 46 天之后，四分钟极限也一次又一次被更多的人打破。如今，世界上能够在四分钟内跑完一英里的运动员超过几百名，他们中甚至还包括许多高中生。

每个人都是一个奇迹，就看你相不相信自己拥有创造奇迹的潜能。你的潜能一旦被激发并释放出来，那么就可以让很多事情发生改变。爱默生说："一个人的个性，便是他整天所想要做的那一种人。"可见思想具有决定命运和结局的力量，这是一个普遍的真理。

大凡那些最终取得了举世瞩目成就的人，无不是因为他们将渴望和思想具体化、形象化，他们具有按照成功来思考问题的习惯。他们心理所想，行为所做的都是朝向成功，因而最后都变成这一事实。英国小说家毛姆曾说："人生实在奇妙，如果你坚持只要最好的，往往都能如愿。"

因为人的潜能是神奇的，其力量无穷，只要你在内心中相信它，并持之以恒，百折不挠地加以贯彻，就能够让设想的东西，成为现实。

夏颖是《我在哈佛上大学》这本励志宝典的主人公之一。对于她的哈佛之路，她给出了一句永远的答案："永远不要低估自己的潜能。"

夏颖其实和很多中国的高中生一样，心怀着考取名校的理想和抱负。不过，她只是一个普通的少年，无论是天赋和智商都很一般，在小学、初中她上的都是非常普通的学校，成绩一直排在年级两百名左右，不过，有一次不知道是什么原因，她居然神奇地考了年级第一，这让她突然开始重新看待自己，她觉得自己似乎也有考上重点，上名校的潜能。

于是，她开始了她的发掘潜能之路。

每天其他同学下课出去玩 10 分钟，而她却坐在座位上不动，她想利用这段时间解几道题，每次解完她都觉得非常开心。功夫不负有心人，高三毕业后，她考上了北大，自信心爆棚的夏颖到了北大仍旧觉得自己是最棒的，甚至觉得申请北大法学院奖学金也不是难事。不过，她一查档案才发现自己的成绩已经百名开外，这种挫败感让她想起入学时院长的话："选择北大，只是选择了一个品牌，上了北大不是一个终点。"

不过，夏颖很快从这种挫败感中抽身出来，她相信自己的潜能。结果是，在北大毕业后她进入了哈佛，哈佛每年录取的亚洲学生只占所有学生的18%，其中中国内地只有 4～5 个名额。这不得不归功于她对自我潜能的释放，当然，在她身上之所以能激发出来，离不开努力，就好比你一味地相信自己的潜能，却什么都不做，那么，最终也只能坐看别人成功而自己只能望洋兴叹。

为此，夏颖也有自己独到的看法和见解，她说："能够到哈佛求学，我一直有个自认为精彩的理论：$0+0+0=1$，每个人当前做出的看似微不足道的决定或努力，也许在将来的某一天会成为我们命运的转折点或新的契机，这既是越努力越幸运，也是厚积薄发，天道酬勤。"

神奇的潜能加上百分之百的努力，就是改变命运的黄金定律。换言之，释放潜能的关键不是力量，也不是智慧，而是不断地努力。这在很多大人物身上早已被印证。那么，你还在犹豫什么呢？

你的习惯是一切美好的开始

改变其实只在于你相不相信能够做到，只要你相信，并愿意付出努力，那么，再顽固的恶习或者坏习惯都会被你从身上剥离，你终有一天能够让自己变得出类拔萃。而这一切得益于你把自己的潜能激发出来。

世界顶级激励大师安东尼·罗宾斯在《激发无限的潜能》一书中，主要描述了人如何能激发无穷潜力，事实证明，他成功了，因为这本书成为无数人走向成功的教科书。美国《成功》杂志的总编斯科特·荻迦莫这样评价该书，他说："如果你今年想读一本能使你更成功的书，就是这本书了。我从没读过比这本更有效和更具强大交流性的书。"

在很多人的生命中，都会面临一些因为害怕而做不到的时刻，这时大多数的选择是画地为牢，这也是为什么世界上那么多人，成功的人却在少数，因为只有少数人才能唤醒自己的潜能，并冲破自我限制的牢笼，最终将无限的潜能化为无限的成就。

## *3.* 享受每个小成功，你从此将走近成功

在改变那些坏习惯或者恶习的道路上，不妨让自己先看到一些小成功。这就需要你先从易处改变，从近处做起。

很多时候，我们坚持不下去，不是因为害怕改变，而是看不到未来的美好。因为很多时候我们把改变的目标定得太高了，对改变的要求过于快了些，让你一时间无法在短时间看到改变的效果和好处，也就是没有足够的理由让你继续坚持下去。人总是因为有一些利于自己的好处，才会试图去坚持改变。

因此，在改变那些坏习惯或者恶习的道路上，不妨让自己先看到一些小成功。这就需要你先从易处改变，从近处做起。就如"简快心理疗法"训练师琳茜·亚格里斯说的："我见证了许多人通过想象和重组思维极大地改变了生活。需要行动不假，但明确你的目标是第一步。在你采取改进生活的行动之前，你必须要知道你想达到一个什么么目标。想法是第一位的，否则你的行动就是盲目的。如果你感觉寂寞，你可以想象一种更快乐、与他人有更多交往的生活，当然需要采取行动，比如，加入一个跳舞俱乐部，但这次行程还是开始于你的想法。"

对，就这样，你要改变一个根深蒂固的习惯可能不容易，但是不

你的习惯是一切美好的开始

妨试着从一些看上去不那么顽固的习惯先着手，比如要戒掉几十年的烟瘾可能很难，但是要改变你刚刚喜欢上喝碳酸饮料的习惯则没那么难，你只需要选择更健康的鲜果汁很可能就能将这个习惯改变。而这个小改变的意义却非凡，因为这让你觉得你成功了，你是可以做得更好的。

就像心理学家所说的："当你做出承诺并履行承诺时，你会对自己越来越满意，你做出及履行更大承诺的能力就会增加，简单地说就是你会越来越自信……我们每个人肯定都有过这样的经验：你知道什么该做，并真的那样做了，你会觉得很开心，你会对自己很满意，会获得心灵的宁静。在这个世界上，分裂是最大的痛苦，堤坝分裂会导致洪灾，地表的分裂会导致地震，山峦的分裂会带来山崩，爱情的分裂会带来离婚，同样你和自我的分裂会带来一生的痛苦和遗憾。人生最大的痛苦莫过于知道该怎么做却没有去做，你会自责，你会对自己不满意，你会觉得自己是渺小的、不讲信誉、不可信，总而言之，就是你开始不信任自己，自信心降低了。"

而从易处开始改变，就是降低了剧烈分裂对你所产生的恐惧，从而让你从内心更愿意或者更容易走出改变的第一步。就像下面故事中的主人公，完全改变一个不健康的生活方式可能很难，但是改变吃早餐的习惯却相对容易些。

刘夏突然在工作时出现剧烈的腹痛，让她几乎晕厥过去，把部门的几个同事吓得不轻，正当大家七嘴八舌吵着送她去医院之时，她居然不痛了，可谓来得快，去得也快。刘夏以为是偶发的肠胃痉挛，也就没有放在心上。

不想，晚餐过后，正打算和家人一起坐下来看会儿电视，她的肚子又开始剧痛，有过上午的经历，她就本能地按压了一下，果然不久痛感便自行消失了，她自己没有在意，也没有跟家人说起。谁知，到凌晨三点多，疼痛再次来临，不同的是，这次似乎没有停下来的可能，一直到早上七点多还痛个不停，她终于扛不下去，直接被家人送进了医院急诊。

经过医生细致地诊断，她患的是十二指肠溃疡，她十分困惑，自己肠胃一向很好，怎么会突然有了这个毛病，医生略带责备和无奈地说："你肯定是经常不吃早饭吧！"一语中的，因为工作繁忙，刘夏经常起床后草草梳洗过后，便直接奔赴办公室上班，早饭经常是不吃或者随便对付。

在经历了这次痛苦后，刘夏开始认真思考自己的生活习惯，其实不止吃早饭，她整个生活习惯都是不健康的，比如经常熬夜追剧，吃垃圾食品，喝碳酸饮料，不喜欢运动，经常泡吧、饮酒……不想不知道，一想吓一跳，改变就意味着要将自己的全部人生打破，这谈何容易？思来想去，她决定从吃早饭这个离自己比较近的习惯改起。

有一次，在浏览微博时，看到有一位晒早餐的网友，她每天变着花样给自己和家人做早餐，甚至可以做到一个月不重样。微博中，一家围坐在一起，快乐、温馨地享受早餐的画面更是让刘夏十分动心和羡慕。

这更加坚定了她改变的决心，于是，她开始为家人尝试着做早餐。渐渐地，她居然也可以为自己和家人准备一顿集卖相和口感、营养为一体的早餐。不仅如此，她也每天把早餐晒到自己的朋友圈，这下，好评点赞不断，大家七嘴八舌，有的留言说："噢！正能量早餐又来了。"有的则说："围观，我记得你都一个多月没吃过重样的早餐了吧?"

大家的赞美让她觉得非常有成就感,现在,吃早餐再也不是什么问题,连带她的整个三餐都规律起来,而且对食物的健康与否也开始关注,慢慢地,身体也好起来了,她的生活习惯正在向着健康的方向逐渐迈进。

大的改变固然会给自己带来大的正面激励,但其反面效应也同样明显,一旦没有成功,则会严重挫伤自己刚刚鼓起的改变的勇气,让你从此失去改变下去的动力。

因此,改变不如从易处开始,让自己首先收获一些小成功,小喜悦,在一些小的方面向自己做出承诺并且遵守这些承诺。让你的内心引导你做出承诺。承诺一旦做出了,无论是怎样微不足道,都要遵守下去。这会让你从心底里爱上改变,并愿意一直改变下去,这才是最终走向积极和优秀的正确途径。

## 4. 认真做好每件小事，你不愁养不成好习惯

很多时候，就是那件没有理会、没有用心做好的事，反而成了恶习。认真地做好每一件事，这是获得真正成果的诀窍。每件事情都不容你轻视，即使是最普通的事情，也应该全力以赴，尽职尽责，只有一步一个脚印，才能踏出一条路，让你通向生命终结的殿堂。

习惯是经过反复多次重复一个行为才形成的，那么，要改变它，就要反其道而行之，做改变一个行为的很多件事情，最终让这个行为朝着另外一个方向发展。比如，为了改变吃零食的习惯，你就可以通过多次做不吃零食的行为，去做好每一件能够让不吃零食这个习惯得以形成的事情。

即为了改变坏习惯，你就要不断地追求好的一面，控制住自己不好的一面，把美好的一面放大起来，这就是松下"6S"中的"习惯"所提倡的"认真做好每一件小事，持续改进，养成好习惯，就有可能获得成功"。

阿基波特一开始是一家石油公司的小职员，像他一样的员工在那家大公司中有成千上万人。他们大多都做着差不多的工作，有的可能终生都领着一份普通的薪水，直到有一天退休颐养天年。

然而，阿基波特却改变了自己的命运，倒不是他做出了什么令整

你的习惯是一切美好的开始

个企业业绩提升的大事，而是在于他日复一日的一个小习惯。阿基波特因为工作经常会去各地出差，他每到一个地方住进旅馆后，他就会在自己签名的下边写上"每桶油4美元"。

不仅如此，这句"每桶油4美元"名言可以说在他的生活中无处不在，他在收据上、书信上，以及一切能够签写的地方都会写上这句话。因为这个习惯，很多同事开玩笑地对他说："你简直成了'每桶油4美元先生'。"

久而久之，人们似乎都忘了他的真名——阿基波特，而是都爱叫他"每桶油4美元先生"。有一次，公司的董事长不知道从什么地方也听到了他的事情，他对阿基波特大加赞赏，并在公开场合对其他管理者说："在我们公司，竟然有这样的职员这么努力宣传公司的声誉。我一定要见见他。"

很快，阿基波特就被邀请去与董事长共进晚餐。而在很多年后，董事长卸任，"每桶油4美元先生"便成了下一任董事长。

海尔总裁张瑞敏说："把每一件简单的事做好就是不简单，把每一件平凡的事做好就是不平凡。"阿基波特就是因为坚持做了一件看似微不足道的小事，最终走向了成功。其实，无论是哪个年代，做好每一件小事都是非常必要的。因为悉数一下，在人的一生中，你能够遇到的或者经手的，有几件是真正能被称之为大事的？

无论生活还是工作，无不由一些平凡、琐碎的小事构成。如果你不愿意日复一日，小处见大，将每一件干好，那么你永远成就不了大事。天下大事都由小事组成，"合抱之木，生于毫末，九层之台，起于累土，千里之行，始于足下"，一个连小事都做不好的人，何谈成就大事业，做好每一件小事，你心中的万丈高楼就会平地而起。

习惯改变，更是遵循了这样一个规律。很多时候，就是那件没有理会、没有用心做好的事，反而成了恶习。认真地做好每一件事，这是获得真正成果的诀窍。每件事情都不容你轻视，即使是最普通的事情，也应该全力以赴，尽职尽责，只有一步一个脚印，才能踏出一条路，让你通向生命终结的殿堂。

单单从名字上来看，蘑菇街就让很多追求时尚的年轻女性倍感亲切，这就难怪它会如此成功。实际上，蘑菇街作为一个新的网购平台，成立于2011年，是目前国内最大的女性时尚消费平台之一，用户超过8500万，其中移动端每月活跃用户数超过3500万，移动端交易占比超过80%。

说起来它的创始人，估计很多人都又要瞪眼睛了，因为陈琪又是一位典型的"80后"财富新贵。他毕业于浙江大学计算机系，历任UI设计师、产品经理、资深项目经理等职，是淘宝UED中心创建者之一，2010年离职创办蘑菇街。

蘑菇街已经获得三轮融资，并先后获得中国帮互联网创新年会"最佳创业公司""最佳创新大奖""互联网成长力产品服务奖"等十余项奖项。截至2014年5月底，蘑菇街的平台月交易额突破亿元。公司的核心宗旨是购物与社区的相互结合，为更多消费者提供更有效的购物决策建议。

那么，陈琪是如何获得成功的呢？他说："现在什么生意都难做，危机常有，我成功的秘诀就是，每一天都要努力做好每一件事。"这样的行事风格似乎与张扬、奔放的"80后"不相符，不过，正是这种异于大多数人的坚持，让他成就了一番事业。

要说同样是"80后"的我们，如果与他最大的区别估计也在于此。做好一件事情容易，持续不断地做好每一件事情就并非易事。尤其是在时下的这个年代，年轻人被浮躁的风气所感染，很难沉下心来踏实地做一件事，更不善于从这个变与不变的相对简单容易的事情中，找到最佳的工作方法，达到最佳的工作效果。因此，对于很多年轻人来说，把简单的事做好、把容易的事做好，并且能够坚持不懈地把简单容易的事做好，尤为困难。

正因如此，鄙视并忽略身边每一件小事，是让你失去锻炼自己的机会，降低构筑理想大厦可能的主要阻碍。不妨从现在起，将做好每一件小事当成是对自身素养的一次锻炼，都是实现人生目标的一砖一瓦。正如艺术家芥川龙之介所说的："希望自己的人生过得幸福快乐，必须从日常的琐事爱起。"

# 5. 持续改进，你的好习惯才会逐渐养成

习惯的改变，本来就需要长期的不断积累。因此，将持续改善变成你的一种习惯，并将其贯彻到你的所有改变过程中，你就会发现每次的小改善虽然只是一小步，但使之形成习惯，并持之以恒地坚持下去，便会收效显著。

你要本着改变习惯要像"嚼炫迈，根本停不下来"一样，持续不断地将其进行到底。很多时候，习惯难以改掉或者戒除，不是方法不对，也不是决心不够大，只是你缺乏一种连续不断的思维方式。经常是"三天打鱼，两天晒网"，本来有一些改观，坚持下去就会见成效，却因为一些意外因素停了下来，这样，本来见到的成效也会马上消失，你不得不从头再来，这样反复多次后，便会将改变习惯的激情慢慢冲淡。

俞敏洪说："要做一滴水，每一条河流都有它不同的路径，都有它不同的过程，但是它会想尽一切办法达到它的目标——大海。黄河九曲十八弯，那是因为它要绕过重重阻碍流向大海！也许在路上会经过大山当道，会有悬崖当道，哪怕从悬崖上掉下再摔得粉身碎骨，它也会想尽一切办法再重新汇聚起来，流向大海。我们不能做泥沙，泥沙会在随水流动的过程中，沉在河底，慢慢消逝，而唯有水才会不顾

一切，无论如何地奔向那只属于大海的最伟大最美丽的蔚蓝色！"

你愿意做水还是泥沙，这是你的选择，但你的选择终究会决定你的人生高度。

约翰尼·卡什是影响美国近代乡村、流行、摇滚与民谣界最重要的创作歌手之一，他以浑厚而深沉的男中音，简约有力的吉他，创造了属于他自己的独特声音。他在很小的时候就立志成为一名歌手。

这样的想法最早应该来源于酷爱音乐的妈妈嘉莉，她不断地激励卡什在歌唱的道路上努力前行："上帝在眷顾着你，总有一天你会为全世界唱歌的。"重要的转变发生在卡什 20 岁时，当时他应征入伍，在那里他不仅让他开始独立思考一些沉重的话题，而且形成了他日后作品的独特视角。也是从这时，他拥有了第一把吉他。他开始学习吉他演奏，并练习唱歌，自己还创作了一些歌曲。

退伍后，他一直不忘练习唱歌和作曲。之后，他便组建了一支小型乐队，在镇子上经常举办一些演出。

在不断地演出中他积累了一些忠实粉丝，在这些粉丝的鼓励下，他录制了一张唱片。很快，这张唱片开始大卖，使得他的粉丝数量不断激增，最终达到了两万多名。正当他的歌唱事业迎来前所未有的机会时，他自己却放纵了自己，他染上了毒瘾。随着毒瘾的日益加深，他几乎变得无法自控，从此再也无法站在台上弹吉他、唱歌。这个恶习令他形象大跌，经常出现在监狱里也让他的粉丝对他绝望。

有一次，他又一次走出监狱，一位行政司社长官对他说："约翰尼·卡什，你最好把你的毒给戒了，否则你就自己毁灭自己吧！"卡什十分震惊，他的确需要来一场翻天覆地的改变。于是，他开始戒除恶习，并深信自己会再次获得成功。为了戒毒，他回到纳什维利，找到他的私人医生。医生一开始并不相信他，以为他只是给歌迷们做个样子。不过，事实证明，卡什没有让医生失望，他积极配合医生的治疗。

每当毒瘾发作，将他折磨得死去活来时，他怕自己在神志不清时办了蠢事，他都事先把自己锁在卧室里。结果，经过 10 周的努力，他戒毒取得了一定的效果。一年后，他重返舞台，再次引吭高歌。他不停息地奋斗，终于又一次成为超级歌星。

每当回忆这段往事时，他说："那是我一生当中最痛苦的日子，感觉自己的全身布满了玻璃碎片。当时摆在我面前的，一边是麻醉药的引诱，另一边是奋斗目标的召唤，结果我的信念占了上风。"

即使是现在，人们都普遍认为毒瘾一旦形成很难戒除。为什么难，就在于那些试图改掉恶习的人很难坚持下去，持续地改变。每当让人万劫不复的痛苦袭来，就会让一大部分人放弃，继续沦为毒品的奴隶。

然而，但凡能够坚持到最后的人，也必然会如卡什一样，重新站到音乐舞台的正中央，演奏出人生绝美的乐章。习惯的改变，本来就需要长期的不断积累。因此，将持续改善变成你的一种习惯，并将其贯彻到你的所有改变过程中，你就会发现每次的小改善虽然只是一小步，但使之形成习惯，并持之以恒地坚持下去，便会收效显著。

毕淑敏说："变化使我们成熟，但它首先使我们痛苦。人生中最重要的变化，一定伴随着大的焦灼和忧虑。"如果你能持续地顶住这些痛苦的侵袭，那么，你就成功了。

## 6. 养成了好习惯，你的成功无人可挡

你的习惯有多好，将决定你的成功有多高。正如法国作家培根所说："习惯是人生的主宰。"大多数时候，拥有了好习惯就好比给身处荒漠中的你佩带上了指南针，它将为你明确指出前进的方向；习惯也犹如一把雕刻刀，人的许多品性都是它的作品。

成功来源于好习惯的不断确立，而不断地改变就是为了将这些好习惯加以确立。当你的好习惯积累到一定程度，你的人生就会翻开完全不同的新篇章。很多时候，不是你的对手将你击倒，而是你的习惯打败了你，因此，只要获得习惯的允许和支持，你的成功便无人可挡。

因为习惯拥有巨大的力量，一开始是你在形成习惯，习惯一旦形成便不再受你的"控制"，它开始学会支配你的行为，并最终影响行为的结果。这不禁让人想起一个笑话，话说有一个贪心的厨子，每天都会习惯于从饭店里"揩点油水"，即把切下来的好肉随手装进自己的口袋里，然后带回家。有一次，家里来了客人，他的妻子对他说："快，切点好肉炒几个菜。"他二话没说，就跑到厨房里拿出一块肉，切完之后又顺手放到了自己的口袋里。

多么可怕的习惯，有时候它可以让你在毫不知情的情况下做出

一些行为。自然，好习惯最后的结果也不差，而坏习惯导致的结果就需要你时刻警惕起来。这也就是我们为什么始终坚持阐述要持续不断地改变坏习惯的原因。

因为这样的改变不仅可以让你远离坏习惯，还会让你变得更加成功，可以说，好的习惯，是一切美好的开始。

喜欢观看 NBA 比赛的人都不会对拉里·伯德感到陌生，他是一代 NBA 的传奇人物，历史上最杰出的篮球明星之一。在他打球的那个年代，率领着波士顿凯尔特人队，三次登上了总冠军的领奖台，他当之无愧地成为历史上最伟大的运动员之一。

然而，他却并没有什么异于常人的运动天赋，相反，可能在打篮球的资质方面显得有些普通。那么，这样一个普通的人是如何变成一位不可思议的运动员的呢？

答案真的很简单，就是"习惯"。在全部的比赛中，伯德的三分球每次都会让对方感到棘手，他们几乎对此毫无办法，直到今天伯德也堪称 NBA 历史上最出色的三分球投手之一。当然，这个"神技"并不是天生就具备的。早在他加入 NBA 之前的少年时代，他就每天早晨坚持练习三分投篮，而每次必须练完 500 次才再去上学。

可想而知，是这个好习惯，让他在天赋不出众的情况下，练成了一个好的三分球投手。而这个好习惯，给予他的也是几乎很少有人超越的成功，悉数 NBA 的历史上，能够三次登上总冠军领奖台的球员恐怕不多。

你的习惯有多好，将决定你的成功有多高。正如法国作家培根所说："习惯是人生的主宰。"大多数时候，拥有了好习惯就好比给身处荒漠中的你佩带上了指南针，它将为你明确指出前进的方向；习惯也犹如一把雕刻刀，人的许多品性都是它的作品。

习惯不可能一蹴而就，也非几天几月的短期行为，它一旦形成就有旺盛的生命力和持久性，常常会与人相随一生。对于绝大多数人来说，人生能够站在哪个高度，虽然与体力、智力等因素有关，但与非智力因素的关系更加密切。而在信心、意志、习惯、兴趣、性格等主要非智力因素中，习惯又占有重要地位。

在一次历年诺贝尔奖得主的公开聚会上，大家谈笑风生，互相聊起各自的获奖经历。在这个过程中，一位参会的记者站起来问一位获奖者说："请问您在哪所大学学到您认为最重要的东西？"

这位科学家沉默了一下，马上心平气和地回答说："在幼儿园。"

记者十分好奇，接着问道："在幼儿园学到什么？"

科学家答道："学到把自己的东西分一半给小伙伴；不是自己的东西不要拿；东西要放整齐；吃饭前要洗手；做错事要表示歉意；午饭后要休息；要仔细观察大自然。"

这位科学家不外乎是想告诉人们，儿时养成的良好习惯往往对人一生具有决定性意义。华盛顿作为美国最伟大的总统之一，他是最令人尊敬的、堪称美德典范的总统，他的诚实故事家喻户晓。他不止一次在公开场合表示，自己小时候看得最多的一本书，是一本随身携带的小册子——《与人交谈和相处时必须遵循的文明礼貌规则110条》。这本书的内容，从书名就可以看出端倪。这无非是教人养成良好习惯的书，华盛顿之所以这样说，无非也是要证明，良好的习惯可以成就一个伟大的总统和一个伟大的人。

因此，你要想成为一个成功的，一个与众不同的人，读书当然必不可少，但是最为紧要的是你的性格、习惯、行为和内在驱动力，这往往决定一个人成就的大小，你要想做一个成功的人，成为别人尊重的人，那就要坚持和养成更多的好习惯，长此以往，必定会大有裨益。像拿破仑所说的："成功与失败都源于你所养成的习惯。有些人做每一件事都能选定目标，全力以赴；有些人则习惯随波逐流，凡事都碰运气。尽可能多地培养好习惯，去除不良习惯吧，也许你的人生从此就会改变！"